［改訂新版］要点早わかり

ネットワークスペシャリスト ポケット攻略本

岡嶋裕史●著

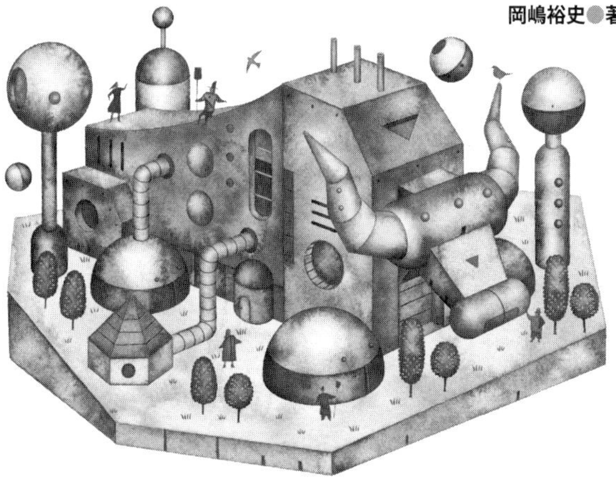

技術評論社

試験の概要と本書の使い方

ネットワークスペシャリスト試験の概要

ネットワークスペシャリスト試験は，経済産業省が主催する国家試験で，高度試験に区分されています。

注意

試験は年1回，秋（10月第3日曜日）に実施されていましたが，**2021年より春（4月第3日曜日）実施に変更**となりました。午前Ⅰ～午後Ⅱのそれぞれで100点満点中の60％以上の基準点獲得で合格となり，60％に達しない場合は，以降の試験の採点は行われず不合格となります。

試験時間	午前Ⅰ 9：30～10：20 （50分）	午前Ⅱ 10：50～11：30 （40分）	午後Ⅰ 12：30～14：00 （90分）	午後Ⅱ 14：30～16：30 （120分）
出題形式	多肢選択式 （四肢択一） 高度試験共通問題	多肢選択式 （四肢択一）	記述式	記述式
出題数と 必要解答数	30問出題 ／30問解答	25問出題／ 25問解答	3問出題／ 2問解答	2問出題／ 1問解答

また，午前Ⅰ試験では，以下の1～3のいずれかの条件を満たしていれば，その後2年間の受験が免除されます。

条件1：応用情報技術者試験に合格する
条件2：いずれかの高度試験に合格する
条件3：いずれかの高度試験の午前Ⅰ試験で基準点以上の成績を得る

受験申込みや試験の詳細については，下記のサイトでご確認ください。
【試験センター】 https://www.jitec.ipa.go.jp/

本書の使い方

本書は，「短い時間」で「効率よく覚える」ことを目的に作りました。覚えるための工夫をたくさん盛り込んであるので，通勤・通学電車の中やちょっとした空き時間に目を通して，無理なく学習できます。

午後問題は，どのような流れで出題されるのかに慣れてください。最初は飛ばして読んでもかまいません。

出題ナビ
このテーマのポイントと，試験での出題傾向を示します

合格のツボ
覚えるべきポイント，コツなどをまとめています

○○で覚える！
「切り捨てて覚える」「3ステップで覚える」「図で覚える」など，さまざまな覚え方で記憶力アップ

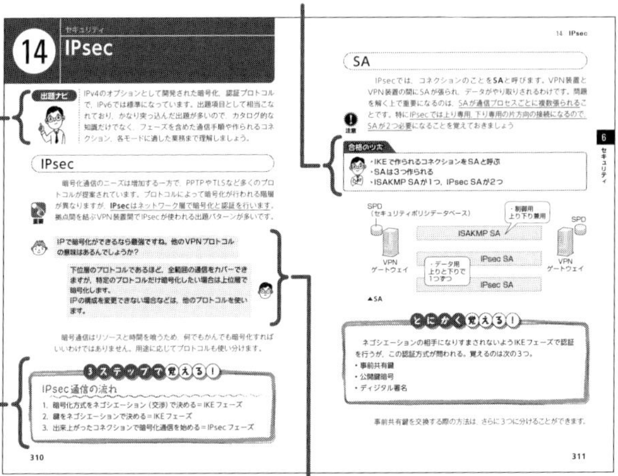

セキュリティ

14 IPsec

出題ナビ IPv4のオプションとして開発された暗号化，認証プロトコルで，IPv6では標準になっています。出題項目として相当こなれており，かなり突っ込んだ出題が多いので，カタログ的な知識だけでなく，フェーズを含めた通信手順や作られるコネクション，各モードに適した業務まで理解しましょう。

IPsec

暗号化通信のニーズは増加する一方で，PPTPやTLSなど多くのプロトコルが提案されています。プロトコルによって暗号化が行われる階層が異なりますが，IPsecはネットワーク層で暗号化と認証を行います。拠点間を結ぶVPN装置間でIPsecが使われる出題パターンが多いです。

IPで暗号化ができるなら最強ですね。他のVPNプロトコルの意味はあるんでしょうか？

下位層のプロトコルであるほど，全範囲の通信をカバーできますが，特定のプロトコルだけ暗号化したい場合は上位層で暗号化します。
IPの構成を変更できない場合などは，他のプロトコルを使います。

暗号通信はリソースと時間を喰うため，何でもかんでも暗号化すればいいわけではありません。用途に応じてプロトコルも使い分けます。

3ステップで覚える！
IPsec通信の流れ
1. 暗号化方式をネゴシエーション（交渉）で決める＝IKEフェーズ
2. 鍵をネゴシエーションで決める＝IKEフェーズ
3. 出来上がったコネクションで暗号化通信を始める＝IPsecフェーズ

310

14 IPsec

SA

IPsecでは，コネクションのことを**SA**と呼びます。VPN装置とVPN装置の間にSAが張られ，データがやり取りされるわけです。問題を解く上で重要になるのは，SAが通信プロセスごとに複数張られることです。特にIPsecでは上り専用，下り専用の片方向の接続になるので，SAが2つ必要になることを覚えておきましょう

合格のツボ
・IKEで作られるコネクションをSAと呼ぶ
・SAは3つ作られる
・ISAKMP SAが1つ，IPsec SAが2つ

SPD（セキュリティポリシデータベース）
・制御用 上り下り兼用
ISAKMP SA
SPD
VPN ゲートウェイ
・データ用 上りと下りで1つずつ
IPsec SA
IPsec SA
VPN ゲートウェイ
▲SA

とにかく覚える！
ネゴシエーションの相手になりすまされないようIKEフェーズで認証を行うが，この認証方式が問われる。覚えるのは次の3つ。
・事前共有鍵
・公開鍵暗号
・ディジタル署名

事前共有鍵を交換する際の方法は，さらに3つに分けることができます。

311

6 セキュリティ

生徒と先生
間違いがちな生徒の言葉を，先生が正してくれます。自分の勘違いに気付くかも

こんな問題が出る！
午前問題の出題例です

午後問題はこう出る！
ここで学んだ項目が，どのような文脈で午後問題に取り上げられるかを示しました

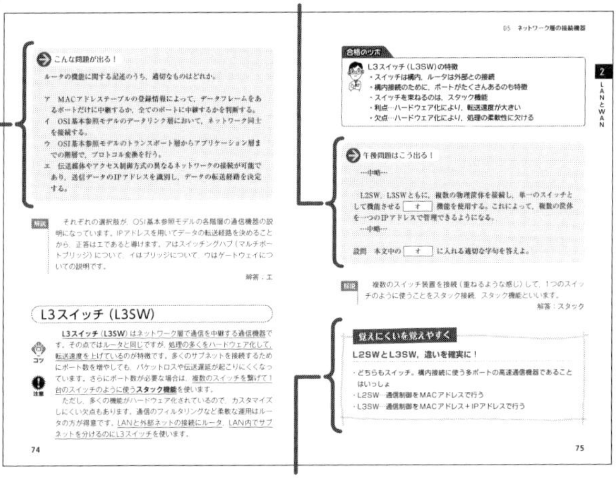

こんな問題が出る！
ルータの機能に関する記述のうち，適切なものはどれか。

ア MACアドレステーブルの登録情報によって，データフレームをあるポートだけに中継するか，全てのポートに中継するかを判断する。
イ OSI基本参照モデルのデータリンク層において，ネットワーク同士を接続する。
ウ OSI基本参照モデルのトランスポート層からアプリケーション層までの階層で，プロトコル変換を行う。
エ 伝送媒体やアクセス制御方式の異なるネットワークの接続が可能であり，送信データのIPアドレスを識別し，データの転送経路を決定する。

解説 それぞれの選択肢が，OSI基本参照モデルの各階層の通信機器の説明になっています。IPアドレスを用いてデータの転送経路を決めることから，正答はエであると導けます。アはスイッチングハブ（マルチポートブリッジ）について，イはブリッジについて，ウはゲートウェイについての説明です。

解答：エ

L3スイッチ（L3SW）

L3スイッチ（L3SW）はネットワーク層で通信を中継する通信機器です。その点ではルータと同じですが，処理の多くをハードウェア化して，転送速度を上げているのが特徴です。多くのサブネットを接続するためにポート数を増やしても，パケットロスや伝送遅延が起こりにくくなっています。さらにポート数が必要な場合は，複数のスイッチを繋げて1台のスイッチのように使う**スタック機能**を使います。

ただし，多くの機能がハードウェア化されているので，カスタマイズしにくい欠点もあります。通信のフィルタリングなど柔軟な運用はルータの方が得意です。LANと外部ネットの接続にルータ，LAN内でサブネットを分けるのにL3スイッチを使います。

74

05 ネットワーク層の接続機器

合格のツボ
L3スイッチ（L3SW）の特徴
・スイッチは構内，ルータは外部との接続
・構内接続のために，ポートがたくさんあるのも特徴
・スイッチを束ねるのは，スタック機能
・利点…ハードウェア化により，転送速度が大きい
・欠点…ハードウェア化により，処理の柔軟性に欠ける

午後問題はこう出る！
…中略…
L2SW，L3SWともに，複数の物理筐体を接続し，単一のスイッチとして機能させる［ オ ］機能を使用する。これによって，複数の筐体を一つのIPアドレスで管理できるようになる。
…中略…
設問 本文中の［ オ ］に入れる適切な字句を答えよ。

解説 複数のスイッチ装置を接続（重ねるような感じ）して，1つのスイッチのように使うことをスタック接続，スタック機能といいます。

解答：スタック

覚えにくいを覚えやすく
L2SWとL3SW，違いを確実に！
・どちらもスイッチ。構内接続に使う多ポートの高速通信機器であることはいっしょ
・L2SW…通信制御をMACアドレスで行う
・L3SW…通信制御をMACアドレス＋IPアドレスで行う

75

2 LANとWAN

覚えにくいを覚えやすく
名前が似ている，機能が似ているなど，混同しがちな項目をまとめ，確実に覚えられるようにしました

CONTENTS

第1章

ネットワークの基礎

ネットワークの基礎

01 プロトコル

出題ナビ

「プロトコルとは？」といった出題がなされることはまずありません。しかし，あらゆる通信システムを理解するスタート地点です。コンピュータ通信は厳密なルールにのっとらないと成立しないこと，ルールを知っているかどうかが本試験では問われます。

プロトコルとは

コンピュータ通信に限らず，通信では自分と相手が同じルールにのっとっていることがとても重要です。敵が攻めてきたのでのろしをあげても，味方が山火事だと思ってしまえばそれまでです。この，「通信に絶対必要なルール，規約」のことを**プロトコル**と呼びます。

プロトコルが違うと，絶対に通信することはできないんですか?

通訳を頼むことで，英語しか話せない人と日本語しか話せない人の会話が可能になるように，「ゲートウェイ」というプロトコル変換機器を中継することで，通信できることもあります。

プロトコルは誰が作る？

通信には必須な要素ですから，必要に応じて誰でも作る可能性があります。以前は通信機器を作るメーカが独自にプロトコルを作ることが多かったのですが，異なるメーカの機器と接続できないなどの理由から，ISO, IEEE, ITU-Tなどの国際的な標準化団体が制定するのが主流になってきました。メーカが作ったプロトコルがデファクトスタンダードになり，それが標準化団体で採用され国際標準規約となることもあります。

▼本書で登場する主なプロトコル

プロトコル名	内容
イーサネット	ネットワーク内での通信を行う。MACアドレス，CSMA/CDなどからなる。データリンク層の技術
IP	ネットワーク間での通信を行う。IPアドレス，ルーティングなどからなる。ネットワーク層の技術
TCP	ポート番号によるソフトウェアの識別や，通信の信頼性確保を行う。トランスポート層の技術
UDP	ポート番号によるソフトウェアの識別を行う。トランスポート層の技術
HTTP	Webサーバ～クライアント間の通信に使われるプロトコル。アプリケーション層のプロトコル
SMTP	メールの送信に使われるプロトコル。クライアント→サーバ，サーバ→サーバ間の通信をサポートする。アプリケーション層のプロトコル
POP	メールの受信に使われるプロトコル。SMTPによって送られ，サーバに蓄積されたメールをクライアントが読み出す。アプリケーション層のプロトコル
DNS	アドレス解決に使うプロトコル。http://example.com/ のようなドメイン名をIPアドレスに変換する。アプリケーション層のプロトコル

合格のツボ

- プロトコルは通信のルール
- ルールは標準化される傾向にある
- 「事実上の標準」はデファクトスタンダード

02 OSI基本参照モデル

出題ナビ

プロトコルが階層関係で構成されていることをまず理解します。OSI基本参照モデルの理解は大きな得点源です。各階層の名称と基本的な機能は，しっかり理解しておきましょう。それ自体が出題対象ですし，各プロトコルを勉強するときにも必要です。

プロトコルの階層化

現在は，インターネットをはじめ，複数のプロトコルを組み合わせて実装されるシステムが多数派です。そこで指針として使われるのが，**OSI基本参照モデル**です。

語呂で覚える！

7階層は「アプセトネデブ」

	OSI基本参照モデル		TCP/IPプロトコルスイート	使用機器名
上位層	第7層（レイヤ7：L7）	**ア**プリケーション層	アプリケーション層	……ゲートウェイ
	第6層（レイヤ6：L6）	**プ**レゼンテーション層		
	第5層（レイヤ5：L5）	**セ**ッション層		
下位層	第4層（レイヤ4：L4）	**ト**ランスポート層	トランスポート層	
	第3層（レイヤ3：L3）	**ネ**ットワーク層	インターネット層	……ルータ，L3スイッチ
	第2層（レイヤ2：L2）	**デ**ータリンク層	ネットワークインターネット層	……ブリッジ，スイッチングハブ
	第1層（レイヤ1：L1）	**物**理層		……リピータ

OSI基本参照モデルの各階層名は，アプリケーション層から物理層までの頭文字をとって「アプセトネデブ」です。伝統的な覚え方ですが，受験者には今ひとつの評判です。

各機器がどのレイヤーで利用されるかがよく問われます。

各グループはより**基本的な機能**（**下位層**）から，より**応用的な機能**（**上位層**）に向けて，積み重ねられていきます。これを階層化と呼びます。下位層は通信そのものを制御し，上位層は通信でやり取りされるデータの形などを規定します。階層というくらいなので，小さな数字が下の階層になります。ビルのフロアと同じです。

重要

階層化は複雑ですが，いいことはあるんですか？

「ネットワーク層の新機能を使いたいから，ルータだけ交換しよう」といった効率的な運用が可能です。

7階層の詳細

OSI基本参照モデルで定められた7階層が，それぞれどんな役割を果たしているかを理解しましょう。

アプリケーション層	アプリケーションソフトがやり取りする情報とその手順を定める層。アプリケーションに特化したプロトコルとなるため，たくさんのプロトコルが存在する。HTTP，SMTP，POPなど，多くの出題対象プロトコルあり
プレゼンテーション層	データの表現形式を定める層。本試験でよく出題されるのは，静止画のフォーマットであるjpeg，png，動画のmpeg，音声のmp3など
セッション層（セション層とも）	通信の目的にあわせた送受信管理のルールを定める層。コネクションの確立やデータ転送のタイミング管理などを行う。試験での出題実績はTLSを除いて多くない
トランスポート層	データの品質管理についてのルールを定める層。通信エラーが生じた際の再送などを担当する。また，通信するソフトウェアを識別する手段であるポート番号の提供も重要な役割。TCPとUDPが頻出
ネットワーク層	異なるネットワーク間での通信に関して，ルールを定める層。インターネットを形作るルールであるIPがこの階層に属している
データリンク層	同一ネットワーク内での通信に関して，ルールを定める層。イーサネットやMACアドレスなどが頻出で，試験対策上重要な階層
物理層	機器と機器とを物理的につなぐルールを定める層。本試験で問われるのはケーブルの名称や特性。まれに，ケーブルの結線に関する出題もあり

● 下位層を利用して通信する

OSI基本参照モデルでは，それぞれの階層（本試験ではレイヤと書かれることもあります）同士で通信を行いますが，このとき下位層のプロトコルを利用します。例えば，PC1のTCPは，PC2のTCPと通信するためにIPを利用します。

これを，「TCPがIPのサービスを利用している」，「IPはTCPにインタフェースを提供している」と表現します。

上位のものが下位のものを使うなんて，スクールカーストみたいですね。

下位層がないとネットワークが成立しませんから，ないがしろにされているわけではありません。
本試験では，N＋1層のプロトコルがN層のサービスを使う，といった表現をすることがあるので，慣れておきましょう。

こんな問題が出る！

IPネットワークのプロトコルのうち，OSI基本参照モデルのトランスポート層に位置するものはどれか。

ア　HTTP
イ　ICMP
ウ　SMTP
エ　UDP

解説　まずプロトコルが階層化されていること，どんな階層があるかを理解することが重要です。それが完璧に答えられるようになったら，階層ごとの主要なプロトコルに手を付けましょう。ここに挙げられているのは超のつく代表例なので，本試験に臨むときにはすべて解答できるようにしておきたいです。

ア　Webサーバとクライアント間の通信で使われます。アプリケーション層のプロトコルです。

イ　IP通信の状態通知やエラー通知に使われます。IP自体はこの機能を持っていません。ネットワーク層のプロトコルです。

ウ　メールの送信に使われるプロトコルで，アプリケーション層に属しています。

エ　トランスポート層の主要なプロトコルです。TCPとの違いは，信頼性をサポートしておらず，軽量な点にあります。

解答：エ

合格のツボ

- **それぞれの階層に対応した通信機器があることも，覚えておくこと**

OSI基本参照モデル	対応機器
アプリケーション層	ゲートウェイ
ネットワーク層	ルータ，L3スイッチ
データリンク層	ブリッジ，L2スイッチ
物理層	リピータ

- **上位の層が下位の層を利用して通信する**

03 ネットワークの種類

出題ナビ

通信には特性があり，短距離通信と長距離通信を同列に考えるわけにはいきません。ネットワークは特性ごとに分類されていて，その違いによる通信効率や運用コスト，セキュリティ対策の違い，特性の異なるネットワーク同士の接続などが出題対象となります。

LANとWAN

主に通信距離による区分です。比較的近距離で構内での通信を想定しているのがLAN，遠距離でノードはもちろんLAN間の通信も想定しているのがWANといえます。この通信技術はLANに使われるもの，こちらはWANという具合に，技術によってある程度の棲み分けがあります。しかし，近年では広域イーサネットなど，LANの技術だと思われていたものがWANに転用される事例などもあります。

コネクション型通信とコネクションレス型通信

通信の始め方によって，通信を2つに分類することがあります。通信開始前にコネクションの確立を行う**コネクション型通信**（TCPなど）と，コネクションを確認しない**コネクションレス型通信**（IP，UDPなど）です。

	通信開始前の相手確認	オーバヘッド	通信の到着確認	利用例
コネクション型通信	する	大きい	する	TCP
コネクションレス型通信	しない	小さい	しない	IP，UDP

確認しないよりはした方がいいですよね。なぜコネクションレス型通信なんてあるのでしょう？

確認には手間と時間がかかります。ある程度正確性を犠牲にしても即時性を優先したい通信には，コネクションレス型通信が向いています。

相手が存在しないが，通信を送り出したいといった用途にも使うことができます。あて先を特定しない全員あて通信は，コネクションレス型通信です。

合格のツボ

- コネクション型通信はコネクションの確立を行う方式の通信。TCPが代表例
- コネクションレス型通信では，コネクションの確認は行われない。IP，UDPが代表例

回線交換とパケット交換

● 回線交換

通信中に回線を占有する通信形態を**回線交換**と呼びます。身近なところでは電話が回線交換型の通信システムです。回線交換は通信に先立ってPBXなどの交換機によって回線を確保します。通信インフラがインターネット（パケット交換）へと収斂しつつあり，本試験での出題数も減っています。

● パケット交換

IPで使われている通信形態で，本試験で問われるのはほぼこれだと言ってよいでしょう。インターネット上でやり取りされる通信（Web，メール，ストリーミングなど）はすべてパケット交換によって行われています。パケットとは小包のことです。送信データを定められたサイズに区切り，あて先情報などを付加して伝送路に送り出します。

パケットはパケット交換機によって蓄積・中継されていきます。インターネットで使われるパケット交換機のことをルータと呼びます

いちいち分割すると後からまとめるのが大変じゃありませんか?

分割して少しずつ送り出すことで，みんなが並行して通信することができるようになるのです。
分割したパケットすべてにヘッダが必要なので，あまり小分けにするとオーバヘッドが大きくなります。

▼回線交換とパケット交換

	通信品質	セキュリティ水準	コスト	向いている用途
回線交換	高い	高い	高い	短時間に大量のデータを送信する
パケット交換	低い	低い	低い	断続的に少量のデータを送信する

パケット交換の特徴は，**耐障害性**，**パケット多重**，**異機種間接続性**の3点です。

耐障害性	回線交換と異なり，必ずしもリアルタイムで送信元と送信先がつながっている必要がないため，障害時にパケット交換機がパケットを蓄積しておいたり，障害のあった経路を迂回することで通信を継続することができる
パケット多重	データがパケットとして細かく区切られているため，あるペアが通信中であっても，別のペアがその隙間を縫って通信することが可能
異機種間接続性	パケット交換機に蓄積されてから転送が行われるため，プロトコルをそこで変換することが可能。異なる通信速度やプロトコルで動く通信機器同士を結ぶことができる

向き不向きで覚える!

パケット交換は
- 向いている……少量のデータを断続的に送信し続ける
- 向いていない…短時間に大量のデータを送受信する

こんな問題が出る！

パケット交換の特徴でないものはどれか。

ア　回線を独占する。
イ　パケットごとにヘッダがつくため，オーバヘッドが大きくなる。
ウ　通信速度などが異なる端末同士も接続できる。
エ　蓄積交換とも呼ばれる。

解説　パケット交換は回線を占有せず，複数のコンピュータが回線を有効に活用するための技術です。パケットに小分けされた通信内容が次々と送信され，ルータにいったん蓄積されてから転送されていきます。そのため，**蓄積交換**と呼ばれることもあります。耐障害性において有利ですが，ルータの処理能力を超えてパケットが蓄積されると，パケットの破棄が生じます。

解答：ア

合格のツボ

回線交換
- 回線を占有する通信形態
- 利用例は電話

パケット交換
- 回線を占有しない
- 通信はパケットに分割される
- 利用例はIP

ネットワークの基礎

04 集中処理と分散処理

出題ナビ

ネットワークにつながれたコンピュータ同士にどのような役割を持たせるかは，時代によって変遷があり，それぞれに利点と欠点があります。午後のシナリオ問題を解く前提条件になることもあるので，各形式の利点と欠点を理解しておくことが重要です。

集中処理

メインフレームなどの大型コンピュータをシステムの中心に据えて処理のほとんどを行い，それを利用するための端末をネットワーク接続していく形式です。堅牢で，メンテナンスが容易ですが，柔軟にシステムを変更する用途などには不向きです。

分散処理

端末側で高度な処理を行うようにした形態です。ソフトウェアやデータが各部署に分散し，仕様の異なるサーバやクライアントが共存することになるため，全体を管理するコストは大きくなります。

分散処理には，コンピュータ役割分担による分類があります。

● ピアツーピア型

コンピュータ同士が対等な関係で仕事を進めていくモデルです。

● クライアントサーバ型

コンピュータの役割をサービスする側（**サーバ**）とサービスを受ける側（**クライアント**）に分けて仕事を進めていくモデルです。サーバに比較的高性能のマシンを，クライアントに性能を抑えたマシンをあてることで全体のコストを下げたり，サーバに情報を置くことで情報共有を簡単にする意図があります。

3層クライアントサーバ

一般的なクライアントサーバのサーバ部分をさらに分け，3階層にしたのが3層クライアントサーバです。ソフトウェアが動作するサーバと，データを管理するサーバを分離して，ソフトウェアの柔軟性とデータの堅牢性を確保するのが目的です。

重要

3層クライアントサーバシステムの場合，クライアントのことを**プレゼンテーション層**，業務用ソフトウェアが動作するサーバを**アプリケーション層**，データが存在するサーバを**データベース層**と呼びます。

試験では，業務プロセスの変更がアプリケーション層の変更だけで実現できることが，解答のポイントになります。情報処理試験的には，データとアプリケーションの分離は必ずよいこととして出題されます。

合格のツボ

3層クライアントサーバは
- データとアプリ，クライアントの3層に分かれている
- データとアプリの分離で柔軟性と堅牢性がアップ！

シンクライアント

クライアントが持つアプリケーションやデータを最小限にとどめる形式のことです。モバイル機器の普及に伴って，モバイル機器の紛失や盗難が多く出題されるようになってきました。解決策として実務でもよく使われるのが，モバイル機器にアプリケーションやデータを持たせず，サーバからその都度受信するのがシンクライアントです。

利点	・クライアントにデータが残らないため，紛失や盗難時に情報漏えいが起こらない ・アプリケーションがサーバ側にあるので，アプリケーションの更新作業がラク ・クライアントはブラウザなどでサービスを受けるため，高い性能を要求されない
欠点	・ネットワーク接続が前提になるため，ネットワークにアクセスできない場所やネットワーク障害時にクライアントが機能しないことがある

こんな問題が出る！

シンクライアントシステムの利点として，適切なものはどれか。

ア　アプリケーションが使用する主記憶のフラグメンテーションが起こりにくいので，応答性が向上する。
イ　サーバ側でアプリケーションやデータを管理するので，セキュリティが強化できる。
ウ　システムが利用するネットワーク資源が減るので，通信費を削減できる。
エ　データを保管する費用が減るので，サーバへの投資を削減できる。

解説　シンクライアントシステムは，処理やデータをサーバに集中させる形式で，主にセキュリティ強化の観点で出題されます。紛失や盗難にあっても，データやプロセスの実体はサーバにあるので，安全性が高いからです。一方で，通信環境が途絶えると，業務が継続できない，通信量が多くなるなどの短所もあります。クライアントに多くの処理を負担させる形式は**ファットクライアント**です。

解答：イ

合格のツボ

- シンクライアントは，機密性に優れる
- ファットクライアントは，操作性や応答性に優れる
- 実務では用途に応じて使い分けられるが，本試験では「安全のためにシンクライアントを採用する」シナリオが多い

クラウドコンピューティング

インターネットに配置されたサービスにネットワーク接続して，サービスを受ける形式です。通常のクライアントサーバ型と異なるのは，サーバがどこにあるのかを意識しないことです。一般的にクラウドはデータセンタに配置された膨大な量のサーバ群によってサービスが実行されています。

▼クラウドの利点／欠点

利点	・規模の経済によって安価にサービスを提供できる ・その時点で最適なデータセンタでアプリケーションを実行できる ・サーバの追加や削除が簡単
欠点	・保有しているデータにどの国の法律が適用されるか分からない

午後問題はこう出る！

Z社では，家電製品・OA機器の故障品の受付，修理及び修理完了品の返送の業務をメーカから受託している。Z社の本社は東京にあり，修理業務は，仙台拠点と横浜拠点で行っている。両拠点への業務委託元及び取扱製品は異なるが，業務内容や作業量には大差がなく，ネットワークの使用状況もほぼ同じである。また，各拠点ではZ社の社員のほかに，派遣社員やパートタイマが作業員として勤務している。

本社に設置されている業務管理サーバ（以下，業務管理SVという）及びファイルサーバ（以下，ファイルSVという）には，全社のPCがアクセスしている。拠点では，業務の都合上，修理記録や各種伝票類を帳票で管理しており，常時，PCからプリンタへ印刷データを送信している。また，Z社には，IP電話による社内電話システムが構築されている。本社と各拠点間は，IP-VPNで接続されている。現在のところ，IP-VPNのピーク時の回線使用率は約8割であり，通信帯域は不足していない。Z社の現在のネットワーク構成を，図1に示す。

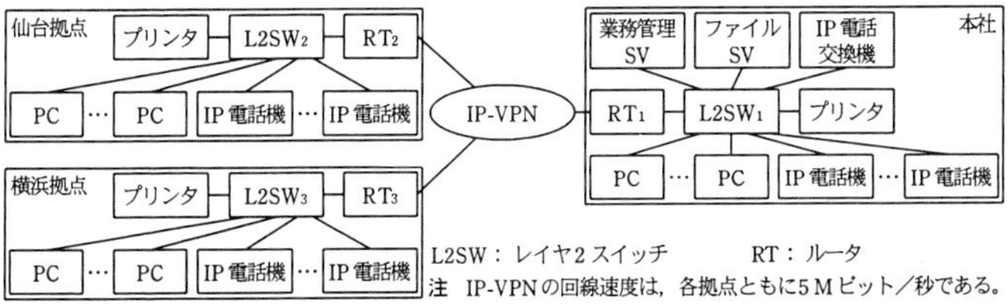

L2SW：レイヤ2スイッチ　　RT：ルータ

注　IP-VPNの回線速度は，各拠点ともに5Mビット／秒である。

図1　Z社の現在のネットワーク構成（抜粋）

Z社では，運用管理の省力化とセキュリティの強化を目的に，全社のPCをデータの記録蓄積機能のないシンクライアントと呼ばれる端末（以下，TCという）へ移行する計画がある。TCへの移行は，PCの更新時期を控えている仙台拠点を先行し，問題がなければ全社に拡大する方針である。移行計画では，TCへの移行のために，現在のネットワークを変更する必要があるかどうかを評価することが，検討課題の一つとして挙げられている。そこで，移行計画を担当することになった情報システム部のO主任と後輩のU君は，ネットワークの評価について打合せを行った。

次は，そのときのO主任とU君の会話である。

〔TCの実装方式と通信〕

O主任：会社の業務は変わらないとして，全社のPCをTCへ移行すると，現在のネットワーク構成で問題になるところは何かしら。

U君：　調査しないと分かりません。ところで，TCの実装方式は決まったのですか。

O主任：ええ。画面転送型といって，仮想化機構を組み込んだサーバ（以下，仮想化SVという）に，PC単位の独立したプログラム実行環境（以下，仮想PCという）をソフトウェアで構築し，仮想PCの画面情報をTCに表示する方式に決まったのよ。仮想化SVは，本社に設置する計画よ。

U君：　その構成だと，機器間の通信形態が変わるので，LANやWANでのトラフィックの流れと量が変わります。

…中略…

U君は，仙台拠点でTCへ移行した後の，本社と仙台拠点間のIP-VPNのトラフィックについて検討することにした。U君が，O主任から渡された資料を基に対象機器を選定して，図1に反映させたネットワーク構成を，図2に示す。

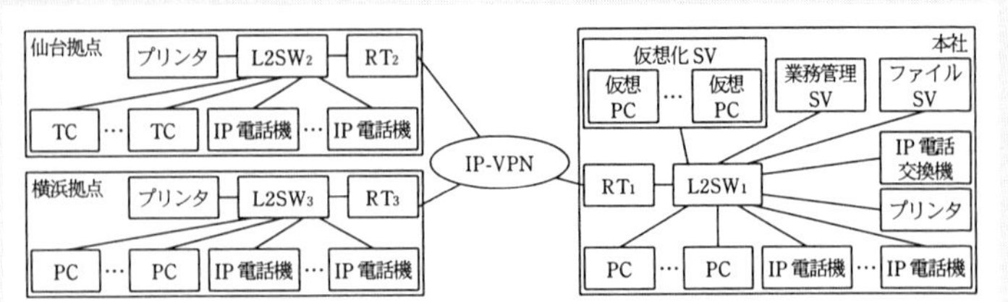

図2　仙台拠点でTCへ移行した後のZ社のネットワーク構成（抜粋）

本社と仙台拠点間の通信には，仮想PCとTC間の通信のほかにも②新たに発生する通信があり，また，現在ある通信のうち発生しなくなる通信もある。それらの通信によるトラフィックの増減を見積もり，TCへ移行した後のIP-VPNの使用帯域を試算する。仮想PCとTC間の通信については，TCメーカの測定結果を使用し，そのほかの通信については，実際にネットワークを調査することにした。

…中略…

設問　本文中の下線②に示す新たに発生する通信を一つ，発生しなくなる通信を二つ，図1，図2中の機器名を用いてそれぞれ答えよ。

解説

【新たに発生する通信】

図2を見てください。仙台拠点にはプリンタがあります。以前（図1）であれば，PCとプリンタ間の通信は仙台拠点内で完結していましたが，図2の状態ではPCがTC化されています。そこから，仙台拠点のTCは同拠点内のプリンタを使う際にも，本社の仮想化SV内にある仮想PCを経由して，プリンタと通信しなければならないはず，と導きます。ちょっとした構成要素の変更で，通信の流れが変わってしまうというシナリオは，本試験の定番です。

【発生しなくなる通信】

この視点で図2を眺めると，仙台拠点のPCと本社の業務管理SV，ファイルSVとの通信がなくなることにも気付きます。これらの通信は，仙台拠点TC～本社仮想PC～業務管理SV（ファイルSV）という経路で行われることになるため，本社と仙台拠点間の通信という切り口では，仮想PCとTC間の通信に集約されるわけです。

解答：新たに発生する通信

・仮想PCと仙台拠点のプリンタ間の通信

発生しなくなる通信

・仙台拠点のPCと業務管理SV間の通信

・仙台拠点のPCとファイルSV間の通信

05 トラフィック理論

出題ナビ

アーランは次の待ち行列と並んで苦手にしている受験者が多い分野です。しかし，現実には簡単な早見表を読み解くだけで正答に至れる出題も多いため，捨ててしまうのは惜しい項目でもあります。B式を覚える必要はないので，概要だけでも理解しておきましょう。

アーラン

アーランとは**呼量**（通話量）の単位のことで，単位時間あたりの通話量を表す用語です。次の公式は要注意です

呼量の公式

$$\text{呼量}=\text{呼数}\times\frac{\text{平均回線保留時間}}{\text{単位時間}}$$

呼ってなんですか?

接続要求のことです。要求することを発呼，受けることを着呼といいます。

2回電話を受けたら，呼が2個あったということです。ただ，同じ2回の電話でもどのくらい通話していたかで通話時間には大きな違いがでます。したがって，呼量は通話回数と通話時間を乗じて求めます。

呼量って難しいですね。

要するに，一定時間内にどのくらい回線を使っていたかということです。使いっぱなしなら1アーランです。

こんな問題が出る！

180台の電話機のトラフィックを調べたところ，電話機1台あたりの呼の発生頻度（発着呼の合計）は3分に1回，平均回線保留時間は80秒であった。このときの呼量は何アーランか。

ア　4　　　イ　12　　　ウ　45　　　エ　80

解説

3分に1回の呼があるということは，1時間では20回の呼が発生します。

60÷3＝20

平均回線保留時間は80秒ですから，ここに20回の呼を乗じると，

20×80＝1600秒

により，1台の電話機は1時間に1600秒使われていることが分かります。

これが180台あるので，

1600×180＝288000秒＝4800分＝80時間

から，呼量は80アーランであると導けます。

解答：エ

合格のツボ

- 呼 ………… 接続要求
- 呼量 ……… その回線を使った時間
- アーラン … 呼量を表す単位。ある回線で一定期間に伝送できる最大量が1アーラン

ネットワークの基礎

06 待ち行列理論

出題ナビ

サービスのキャパシティに対して，どの程度のサービス要求があるのか，その結果何件分の待ち行列が発生していて，どれくらいでさばけるのかを計算する理論です。公式を外れる出題はまずなく，得点源にしやすい分野です。

M/M/1モデル

呼量は，電話に出てくれる（着呼）か，つながらない（損失呼）になるものとして，計算を行いました。しかし，現実のシステムには「待たされる」というケースがあります。「待ち」を含めて計算することで，より実態に即した通信の見積もりをすることができます。

● ケンドール記号

待ち時間を計算するためには，どんなふうに待たされるのか（待ち行列モデル）が確定していなければなりません。待ち行列モデルを表すために使われる記号を**ケンドール記号**と呼び，**M/M/1**のように表記します。ケンドール記号の書き方は，

到着分布 / サービス分布 / 窓口数

到着分布，サービス分布を表す記号

M……ポアソン分布または指数分布

G……一般分布

D……一定分布

となっています。窓口数は到着を受け付ける窓口の数をそのまま書けばいいのですが，到着分布とサービス分布には記号を用います。

待ち行列理論の基本になるのが**M/M/1モデル**で，本試験でもほとんどこれしか問われません。上の読み方と照らし合わせると，「到着傾向がポアソン分布で，サービス時間が指数分布の窓口が1つある」待ち行列モデルであることが分かります。

● 待ち行列計算問題への対応

M/M/1モデルの公式

・平均応答時間＝平均待ち時間（Tw）＋平均サービス時間（Ts）

・平均待ち時間＝$\dfrac{\rho}{1-\rho}\times \mathrm{Ts}$

ρってなんですか？

窓口利用率のことで，平均到着率（λ）／平均サービス量（μ）で計算できます。
読み方は問題に出ませんが，ρはロー，λはラムダ，μはミューです。

λ／μは，お客をさばくキャパシティに対して，どのくらいのお客が到着しているのかを表しています。これが1を超えると行列はどんどん長くなります。

ρ／1－ρは待ち行列に何人並んでいるかを表していて，これに平均サービス時間（Ts）をかけると待ち時間が分かります。

試験に出る形で覚える！

平均応答時間の公式は次のように書き下すこともできる。

平均応答時間＝

$$\frac{\text{窓口利用率}}{(1-\text{窓口利用率})}\times\text{平均サービス時間}+\text{平均サービス時間}$$

「M/M/1モデルの公式」で覚えた公式と同じことになるのですが，本試験では平均待ち時間がすんなり提示されることはないので，この形で覚えておくのも一つの手です。

合格のツボ

- M/M/1の最初のMは，「通信はランダムに到着する」
- M/M/1の2番目のMは，「サービスにかかる時間もランダム」
- M/M/1の1は，「サービスする窓口は1コ」
- μは，単位時間に何件通信が発生しているか
- λは，単位時間に何件の通信がさばけるか

午後問題はこう出る！

A社は，電子メール（以下，メールという）サーバを2年前に導入した。5,000名の社員が，本社，支社，支店に設置されたPCから，このサーバを利用している。メールは業務に不可欠であり，情報管理と事業継続の両面から重要な位置を占めている。

現在，A社の情報システム部では，来年度のIT予算を検討している。その中で，メールに関する次の二つの課題に対応するため，メールアーカイブシステム（以下，アーカイブという）の追加導入を計画している。

一つ目の課題は，メールデータの管理である。メールサーバが送受信する全てのメールデータを数年間保管し，必要な情報を即座に抽出できるようにする。二つ目の課題は，災害対策である。メールデータの保管場所を複数にし，片方が被災した場合にもメールデータが消失しないようにする。

A社のネットワークシステム構成図（抜粋）を図1に示す。

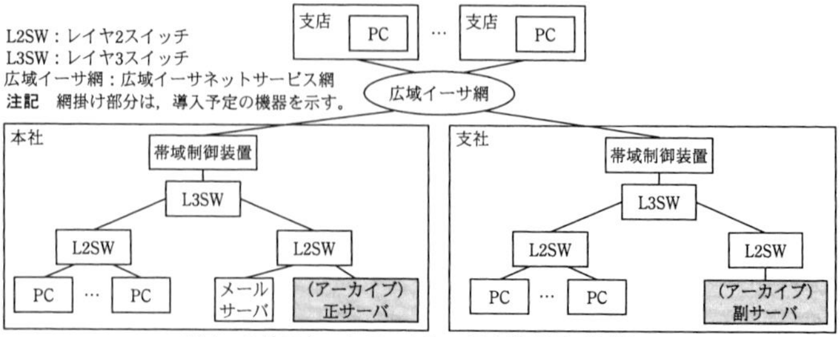

図1　A社のネットワークシステム構成図（抜粋）

各拠点の接続には，広域イーサ網を用いている。大規模拠点である本

社と支社には，帯域制御装置を設置し，広域イーサ網に送出する単位時間当たりのデータ量を通信の用途ごとに制御している。

アーカイブは，正サーバと副サーバで構成し，正サーバを本社に，副サーバを遠隔地の支社に設置する予定である。正サーバから副サーバへは大量のデータが転送されることから，帯域制御装置を使い，アーカイブに必要な帯域を割り当てる予定である。

アーカイブの処理時間には幾つか懸念事項がある。情報システム部長は，ネットワーク技術者のB君に，その検討を命じた。

〔システム要件と処理性能モデル〕

メール到着の都度，メールサーバは，全てのメールを，到着時刻順に1件ずつ正サーバに転送する。正サーバは，受信したメールにディジタル署名を付加し，高速検索に用いるインデックス情報を作成し，データを圧縮した上で格納する。これらの処理を，保管プロセスと呼ぶ。

正サーバは，保管プロセスとは非同期に，格納されているメールを，保管時刻の古い順に，1件ずつ副サーバへ転送する。副サーバは，受信したメールを正サーバと同様に格納する。これらの処理を，複製プロセスと呼ぶ。

アーカイブのシステム要件を表1に示す。

表1　処理時間に関するシステム要件（抜粋）

区分	項目		内容
メール利用に関する項目	a	到着件数（ピーク日）	189,000件／日
	b	平均データ量	12.5×10^3バイト／件
	c	最繁時到着件数	36,000件／時（9:00～10:00）
保管プロセスに関する項目	d	平均所要時間の上限	1秒以内（メール到着時，速やかにメールが保管されること）
	e	サーバの処理能力	12.5件／秒
複製プロセスに関する項目	f	所要時間の上限	24時間以内（前日同時刻のメールは複製されていること）
	g	転送効率	50%
広域イーサ網に関する項目	h	本社・支社間の余裕度	アーカイブ用の通信帯域として最大1.5Mビット／秒まで利用可能
	i	帯域制御装置仕様	アーカイブ用の通信帯域を0.25Mビット／秒単位に設定可能

B君は，アーカイブの所要時間に関する要件（表1中の項目d，f）を実現できるかどうかを検討するために，図2に示す処理性能モデルを作成した。

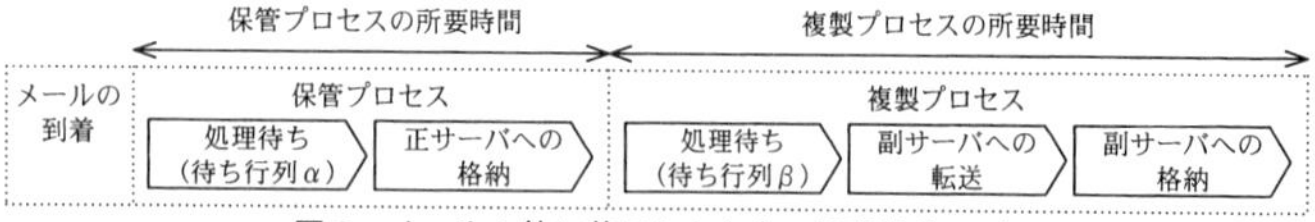

図2　メール1件に着目したときの処理性能モデル

このモデルでは，メール1件に対する保管プロセスと複製プロセスを，二つの待ち行列と三つの処理に分解している。

B君は，各プロセスの所要時間を，次のように検討した。

〔保管プロセスに関する検討〕

図2中の待ち行列 α について考える。正サーバへの格納はメール到着の都度行われるので，①その到着はM/M/1の条件を満たすと仮定し，最繁時の平均待ち時間を算出する。最繁時には，[ア] 件／秒の処理要求（λ）が発生する。また，単位時間の平均処理数（μ）は，サーバの処理能力から [イ] 件／秒である。したがって，利用率（ρ）は [ウ] となり，処理中のものを含めた待ち行列の長さの平均（平均系内数）は4.0，平均待ち時間は [エ] 秒と算出できる。以上から，保管プロセスの平均所要時間は，1秒未満であるから，平均所要時間の上限（表1中の項目d）は超えていない。

…中略…

設問　〔保管プロセスに関する検討〕について，(1)，(2) に答えよ。

(1)　本文中の下線①について，到着条件を20字以内で述べよ。

(2)　本文中，[ア] ～ [エ] に入れる適切な数値を答えよ。

解説

【1】

M/M/1モデルが適用するためには，3つの条件が必要でした。この問題に照らし合わせると，以下のようになります。

①メールはランダムに到着する

②メールを処理する時間は，メールごとにランダムにかかる

③メールを処理するプロセスは1個

このうち，②と③は問題文の記述から，条件を満たしていることが確実です。したがって，仮定しなければならない条件は①であることが分かります。

【2】

【空欄ア】

表1によると，最繁時到着件数は1時間あたり36,000件です。これを1秒あたりの件数に直すと，

36,000÷60÷60＝10

となります。

【空欄イ】

サーバの処理能力は表1にそのまま書いてあります。1秒あたり12.5件ですね。

【空欄ウ】

利用率（ρ）＝到着率（λ）÷サービス率（μ）ですから，

10（λ）÷12.5（μ）＝0.8（ρ）

と展開できます。

【空欄エ】

平均待ち時間（Tw）＝ρ／（1－ρ）×平均サービス時間（Ts）

です。

この公式に今までで得てきた値を代入すると，

0.8／（1－0.8）×Ts
＝0.8／0.2×Ts
＝4Ts

が得られます。

Tsは1件あたりにかかる平均処理時間ですが，サーバは1秒あたり12.5件のメールを処理できますから，

1÷12.5＝0.08　により，1件あたりの平均サービス時間は0.08秒であると導けます。

したがって，4×0.08＝0.32となり，正答が導けます。

解答：(1) メールの到着間隔はランダムである
(2) ア：10，イ：12.5，ウ：0.8，エ：0.32

07 音声信号の符号化

出題ナビ

企業では長らく，電話とLANという二系統のネットワークが維持されてきましたが，両者が統合されつつあります。音声はディジタル化されると伝送時の劣化などに強くなりますが，一方でディジタル化に際しては情報落ちも生じます。そのプロセスや適正な符号化水準を理解しましょう。

アナログとディジタル

ディジタルはラテン語を語源とする言葉で，指を使って表せる数値という意味です。連続量であるアナログを指で表せるキリのいい数値に変換する際には，どうしても**情報落ち**が発生します。

アナログ⇔ディジタル変換のしくみはどうなっているんでしょうか？

例えば音声データであれば，時間を細かく区切ってその瞬間の音を計測します。
情報落ちは，時間を区切る単位を細かくしていくことで減らせますが，0にはなりません。

● ディジタル化のメリット

情報落ちが起きることが分かっているのにディジタル化を行う理由は2つあります。

①ノイズに強い
②データ量を管理できる

コツ

ネットワークでデータを伝送すれば，必ずノイズが混入します。アナログ信号からノイズだけを取り除くのは困難ですが，ディジタル信号は本質的に0と1で構成されるため，復元が容易です。

ディジタル化するときにどのくらいのデータ量にするかを調節できま

す。容量に余裕があれば精度を高く，余裕がない場合は精度を低くすることで，用途に応じたサイズのデータをつくれます。

3ステップで覚える！

符号化の手順

①標本化
アナログ信号を単位時間ごとに区切る。本試験では**サンプリング**とも書かれる

②量子化
標本化によって得た標本値を整数化する。ここで失われる情報を**量子化ノイズ**という

③符号化
量子化した値からディジタルデータを作成する

標本化

重要

アナログ信号を単位時間で区切る周期，つまり標本化を行う周期のことを**サンプリング周波数**といいます。単位はヘルツで，例えば100ヘルツであれば1秒間に100回の標本化を行います。

利点と欠点で覚える！

- サンプリング周波数を高くする（たくさん標本化する）

利点	原データに近いディジタルデータになる
欠点	データ容量が大きくなる

- サンプリング周波数を低くする（あんまり標本化しない）

利点	データ容量を小さくできる
欠点	・原データと違うデータになる可能性がある ・特に急激にデータが変化する箇所（高周波成分）は，失われやすい

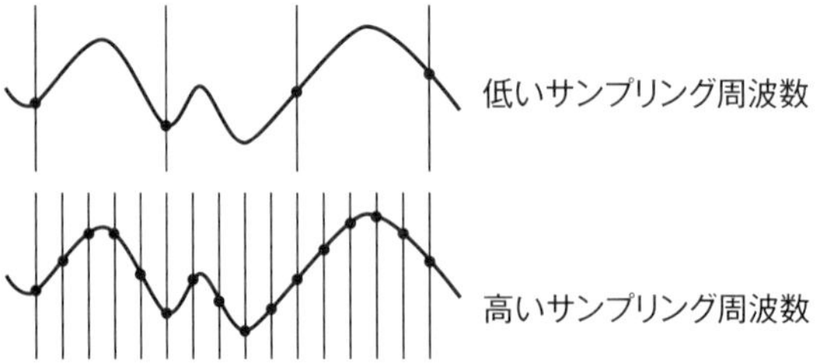

▲サンプリング周波数

図解で覚える！

標本化定理

元のアナログデータを正確に再現するためには，原データに含まれる一番高い周波数の２倍の周波数でサンプリングを行う

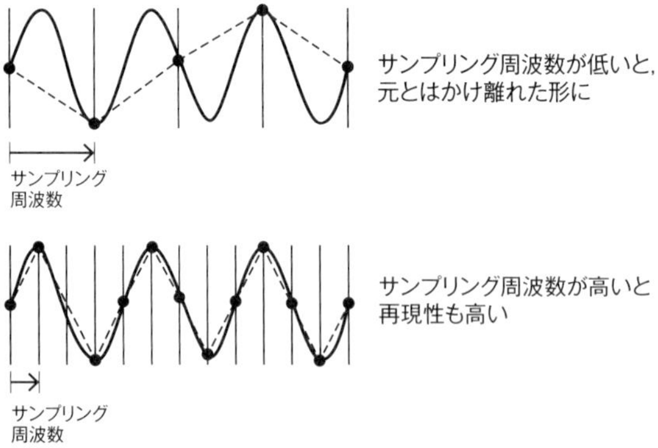

▲周波数が低いと元の波形を再現できない

こんな問題が出る！

帯域が4kHzの音声信号を8ビットでディジタル符号化して伝送する場合，標本化定理に従うと最低限必要とされる伝送速度は何kビット／秒か。

ア　8　　イ　16　　ウ　32　　エ　64

解説　標本化定理では，元のデータの2倍以上の周波数でのサンプリングが必要とされていました。元のデータは4kHzですから，必要周波数は8kHzです。つまり，1秒間に8000回の周波数を取得し，1つの周波数は8ビットで符号化されるわけですから，
8000×8＝64000ビット＝64kビット　により，最低でも64kビット／秒の伝送速度が必要です。

解答：エ

量子化

標本化によって得られた成分を**整数化**します。整数化のため，ある範囲の成分はまとめられて一つの値になります。

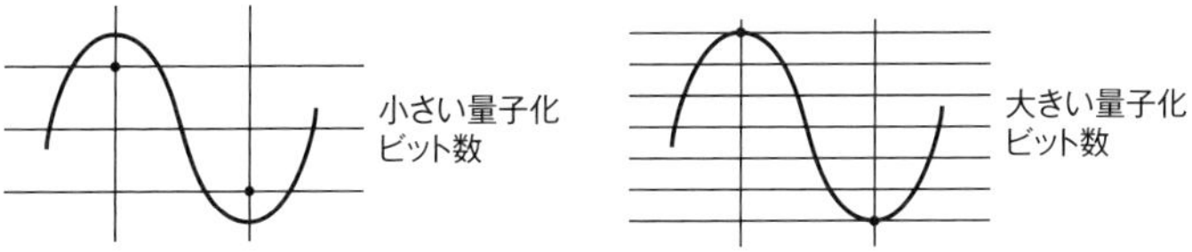

▲量子化ビット数

重要　この範囲をどのくらいの細かさ（**量子化ビット数**）で区切るかで，データの精度が変わってきます。量子化ビット数が大きければ，整数にまとめたときの誤差が小さくなり，量子化ビット数が小さいと誤差が大きくなります。

符号化

量子化によって整数化された値を**ディジタルデータ**として割り付けます。用途に応じて，さまざまな符号化の方法があります。

例題で覚える！

データ伝送のための回線容量の計算

CDは44.1kHzで標本化を行い，量子化ビット数は16ビットである。このとき，CDに収められているデータをリアルタイムに伝送するために必要な回線容量はいくらとなるか。

解説　44.1kHz×16ビット＝705.6kビット／秒
から，CDに収められているデータをリアルタイムに伝送するためには，705.6kビットの回線容量が必要であると導ける。

サンプリング周波数と量子化ビット数の乗算で，データ量が算出されます。そのデータ量を送信するのに必要な回線容量や記憶装置の容量などが問われます。

符号化方式名	内容
PCM	量子化されたデータをそのまま符合に割り付ける方法
ADPCM	PCMの改良版。前データとの差分をとって符号化するため，高圧縮率
CELP	携帯電話用に開発。データベースに登録したパターンから，似た波形を取り出す

合格のツボ

- 一番出題されるのは，標本化定理
- Hzは盲点になりがち。「1Hzは1秒間に1回の周波数」
- 5kHzなら1秒間に5000回の周波数。これを2倍の周波数でサンプリングするためには，1秒間に10000回の標本が必要になる

08 画像信号の符号化

出題ナビ

「実際に画像符号化の手順を追ってみよう」といったマニアックな出題がありますが，レアケースです。この節で説明する画像符号化の各規格群の特徴を理解しておけば，ほとんどの出題に対応可能です。画像の符号化も音声の場合と同じで，標本化→量子化→符号化の順で処理を行います。

画像データの規格

静止画は，画面を構成する膨大な画素の1つ1つに，彩度，明度，色彩を指定することで成り立っています。そのままだと，ファイルサイズが大きくなるので，各種の方法で圧縮されています。メジャーな規格がいくつもありますが，それぞれに得意分野，不得意分野が存在し，出題ポイントになっています。

▼主な画像データの規格

JPEG	静止画を圧縮して符号化する規格で，高い圧縮率が特徴。データを小さくするために不可逆圧縮（完全には元に戻せないタイプの圧縮）を行うため，jpegで符号化した画像を元通りの原画像に復元することは不可能	
GIF	JPEGと異なり，可逆圧縮（完全に元に戻せるタイプの圧縮）なのが特徴。文字の混ざったバナーなどでよく見かける。256色までしか使えない	
	インターレースGIF	最初は粗い画像が，徐々に精度の高い画像が現れるよう工夫された規格。遅いネットワークなどで有効
	アニメーションGIF	GIF画像を連続して表示することで，アニメーションにできる規格
PNG	JPEGやGIFの欠点を踏まえて，いいとこ取りを狙った規格。可逆圧縮ができ，フルカラーが扱えることが本試験で問われる。ただし，データの圧縮率はJPEGよりも低い	

完全に元に戻せないって，それで大丈夫なんですか？

人間の目の錯覚を上手に利用しているので，アラはあまり目立ちません。文字などではにじみがでることもあるので，用途を見極めるのが大切です。

動画の規格

● MPEG

ISOが定めた動画を符号化する規格です。いくつかの規格があり，それぞれ要求する帯域（ビットレート）が異なります。必要な画像品質と使用可能な回線の帯域で，どの規格を使うのかを決定します。

▼主な動画の規格

規格名	ビットレート	用途
MPEG-1	1.5Mbps程度	VHS並の画質・音声に対応。動画はMPEG-1ビデオ，音声はMPEG-1オーディオに分類される
MPEG-2	数M～数十Mbps程度	放送用途に耐えうる画質・音声に対応。DVDへの保存や放送に用いることを想定している。圧縮方式を選択できる
MPEG-4	数十Kbps～	狭帯域回線でも利用できるコストパフォーマンスを重視した規格。スマホやテレビ電話などで利用される。伝送エラーに対応する能力が強化されている
MPEG-7	－	動画に付与するメタデータの規格。動画そのもののコーデックでないことに注意。メタデータはXML形式で記述し，検索に使う
MPEG-21	－	MPEG-7と同じく動画そのもののコーデックではなく，動画を取扱う枠組みの標準化をしたもの。多様な端末への適合，著作権保護などが目的。ISO/IEC 21000として採番されている

● H.264

MPEG-4 AVCとも呼ばれる規格で，従来のMPEGシリーズに改良を加えて作られています。圧縮効率が高いこと，低ビットレートから高ビットレートまでを扱えることに特徴があります。

合格のツボ

- 圧縮というと分かりにくいが，「●●●●●」というデータを，「●5」と書き換えるルールにすれば3文字分の節約になる。出題実績アリ
- 動画の場合は，あるコマと次のコマで「変わっている場所」だけ情報を保存することで，圧縮を行う

09 ベーシック手順とHDLC

出題ナビ

ベーシック手順は，モデムやISDNの時代によく使われていた伝送手順で，金融機関が使う全銀手順などに採用されています。HDLCはそれに比べて高速で，任意のビット列を送信できるのが特徴です。X.25やSDHなどで使われています。

ベーシック手順

基本的に，文字を伝送することを念頭においた通信手順です。古い通信機器，低速度の通信機器でも使えますが，任意のビット列を送信することはできません。

ベーシック手順では以下の2つの方式を覚えておきましょう。

方式	内容
コンテンション方式	1対1でノードを接続するときに使われる。ノード同士は対等で，先にENQシーケンスを送信した方が制御を担当する
ポーリング／セレクティング方式	通信を管理する制御局（ホストコンピュータ）と，制御局に従う従属局（端末）に役割を分ける方法。通信を制御するのは，常に制御局 【ポーリング】 　制御局が従属局に対して，送信を行うか問い合わせる。送信したいデータがある場合，従属局が制御局へデータを送信する 【セレクティング】 　制御局が従属局に対して，送信してもいいか問い合わせる。応じられる状態にある場合，制御局が従属局へデータを送信する

HDLC

ベーシック手順は文字伝送を念頭においていたので，任意のビット列を送信できませんでしたが，HDLCでは可能です。

● HDLCのフレーム構成

HDLCは出題が年々減っているので，ポイントを絞って覚えましょう。

フラグシーケンス 01111110	アドレス部 8ビット	制御部 8ビット	情報部 (任意ビット列)	FCS (フレームチェックシーケンス) 16ビット	フラグシーケンス 01111110

▲HDLCフレームの構造

午前問題でまだ出題があるのが，フレームの種別です。これは，フレーム種別フィールド（制御部内）を見ることで判別できます。

フレーム種別	**内容**
Iフレーム	ユーザデータを伝送するフレーム
Sフレーム	データリンクの管理に使うフレームで，Iフィールドがないのが特徴
Uフレーム	データリンクの確立と切断に使うフレームで，シーケンス番号がない

フレームとフレームの境目を判別するために**フラグシーケンス**というビット列（01111110）が挿入されます。同じビット列が伝送データに現れた場合は，混同を防ぐために1が5つ連続したら自動的に0を挿入（ゼロインサーション）し，受信側でこれを除去することになっています。

その他では，**FCS**（フレームチェックシーケンス）が問われることがあります。誤り制御を行うための情報が挿入される箇所ですが，誤り制御にはCRCが使われます。誤り制御の対象になるのはアドレス部，制御部，情報部です。

こんな問題が出る！

HDLC手順で用いられるフレーム中のフラグシーケンスの役割として，適切なものはどれか。

ア　受信確認を待たずに複数フレームの送信を可能にする。
イ　フレームの開始と終了を示す。
ウ　フレームの転送順序を制御する。
エ　フレームの伝送誤りを検出する。

解説　HDLCは，データを格納したフレームが断続的に送信され，受信側に届きます。そのため，送受信にはフレームを正しく識別できる必要があり，フラグシーケンスをフレーム間に挿入することで，識別の手がかりとしています。

解答：イ

●HDLCの通信クラス

HDLC手順も，ベーシック手順と同じように，参加するノードにどんな役割を割り振るかで通信の進め方が異なります。これを通信クラスと呼びます。

不平衡型手順クラス	一次局（通信を管理する）と二次局（一次局に従う）で通信システムを構成する。一次局がコマンドを送信して，二次局がそれにレスポンスとして返信する
平衡型手順クラス	どのノードが通信を制御してもよいクラス。どのノードもコマンドを送信し，またレスポンスを返すことができるため，このクラスではノードのことを複合局と呼ぶ

ベーシック手順ってあまり聞いたことないですが？

アナログ回線＋モデム時代の技術で，金融取引に使う全銀手順などで使われています。業務用ではまだ生き残っていたりするので油断は禁物です。
HDLCはSDHなど，現役の高速通信技術でも使われていますよ。

合格のツボ

- HDLCでは任意のビット列が送れる！
  →任意のビットがフラグシーケンスと判別できなくなるのでは？
  →ゼロインサーションで回避！
  という流れは重要
- HDLCの誤り制御の対象は，アドレス部，制御部，情報部

10 アナログ回線の制御装置

出題ナビ

通信システムの図を示されて，どこにDTE，どこにDCEが配置されるかが散発的に出題されます。マニアックな出題としてクロスケーブルの結線が問われることがあります。覚えるのに苦労するわりには配点が低いので，そこに時間を取られるくらいなら思い切って捨ててしまうのも手です。

モデム

アナログ回線を制御して通信を行うための装置を**モデム**といいます。ディジタルデータとアナログデータの変換もモデムが担当します。

● データの伝送手順

データは，**DTE**（データ端末装置：端末）～**DCE**（データ回線終端装置：モデムなどの通信装置）～公衆回線の順で伝送されます。DCEは構内モデム～専用線モデムのように複数設置されることもあります。

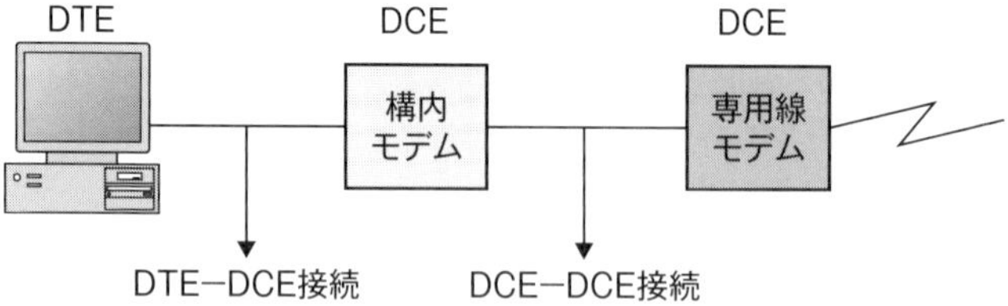

▲専用線モデムを利用する場合

DTE⇔DCE接続には**ストレートケーブル**が，DCE⇔DCE接続には**クロスケーブル**が使われることを覚えておきましょう。

ストレートケーブルとクロスケーブル

注意

ストレートケーブルとは，PC（MDIポートを持つ機器）と周辺機器・通信機器（MDI-Xポートを持つ機器）をつなぐためのケーブルで，周辺機器用のケーブルでもLANケーブルでも，ケーブルといえば一般的にはこれを指します。

クロスケーブルとは，PCとPC，通信機器と通信機器をつなぐためのケーブルです。この場合，ストレートケーブルだと送信端子と送信端子がつながってしまうので，ケーブル内で信号線を交差（クロス）させて，送信端子と受信端子が正しくつながるようにします。

ストレートケーブルって，LANでも出てきたような気がするんですが？

コンピュータと通信機器をつなぐのに使うケーブルです。通常，LANケーブルといえばこれを指します。コンピュータとコンピュータ，通信機器と通信機器をつなぐにはクロスケーブルを使います。

ストレートケーブルで同じ種類の機器をつなぐと，送信側と送信側がつながってしまうので，ケーブル内で結線を交差（クロス）させるわけです。

● Auto MDI/MDI-X

MDIポートとMDI-Xポートの接続にはストレートケーブル，同一ポートの接続にはクロスケーブルが必要ですが，管理が煩雑になるため，通信機器（スイッチングハブなど）によってこの違いを吸収するための技術が**AutoMDI/MDI-X**です。接続先のポートが何であるかを自動識別して，自身がMDIとMDI-Xのどちらとして振る舞うかを決定します。

ネットワークの基礎

11 誤り制御

出題ナビ

パリティチェックは単純な方法ですが，頻出です。垂直，水平などのパターンを覚えて確実な得点源としましょう。CRCやハミング符号の計算問題も何年に一度かは出ます。問題文にヒントがあることがほとんどなので，数式を暗記するような対策は必要ありません。

誤り制御とは

ネットワークでデータを伝送すると，電気的なノイズなどにより，データの破壊が起こることがあります。これに対処するのが**誤り制御**で，見つけるだけの誤り検出と，見つけるだけでなくデータの修復までしてしまう誤り訂正に大別できます。

訂正してくれる方がいいですよね？　何で検出だけの方法なんてあるんですか。

検出や訂正には，それを行うための冗長データが必要です。原データをそのまま送受信するより，コンピュータのリソースや時間が必要になります。

合格のツボ

誤り検出の代表例

- パリティチェック
- CRC

誤り訂正の代表例

- ハミング符号

パリティチェック

代表的な誤り検出方法で，本試験でも頻出です。7ビットのデータを送る場合，8ビット目に誤り検出用の**パリティビット**を追加します。

● 偶数パリティと奇数パリティ

偶数パリティを使っていて，受信側で奇数になっていれば，どこかで伝送誤りがあったものと検出できます。パリティチェックは極めてよく使われる方法であるため，バリエーションも豊富です。

偶数パリティ	8ビットすべてを足したときにビット数が偶数になるよう，パリティビットを調節する
奇数パリティ	8ビットすべてを足したときにビット数が奇数になるよう，パリティビットを調節する

● 垂直パリティと水平パリティ

垂直パリティも水平パリティも両方つけて，垂直水平パリティとすることもできます。その場合，誤り検出だけでなく，誤り訂正も行うことが可能です。

垂直パリティ	送信データを表に並べたときに，列に対して，つまり縦方向に数値を加算してパリティビットをつける方法
水平パリティ	送信データを表に並べたときに，行に対して，つまり横方向に数値を加算してパリティビットをつける方法

CRC

CRC（**巡回冗長検査**）は，**生成多項式**に伝送データを投入し，誤り検出用データを導き出す方式です。パリティチェックと比べると誤りを検出する能力が高く，データが連続してエラーを起こす「**バースト誤り**」に対応できるなど，優れた特性を持っています。例えば，n次の生成多項式を使えば，長さn以下のバースト誤りをすべて見つけられます。一方で，パリティより複雑な演算が必要になります。HDLC手順などで使われています。

ハミング符号

2ビットまでの誤り検出と，1ビットの**誤り訂正**機能を持つ誤り制御方式です。伝送データから誤り訂正用の検査ビットを計算して，送信時に付加します。検査ビット計算の出題がありますが，必ず問題文中に計算式を提示してもらえるので，ガリガリ暗記する必要はありません。その時間は，別の単元の勉強にまわしましょう。

誤りの訂正までできる！と聞くと，もの凄い技術に思えますが，もっと高次元の訂正機能を持っている類似の技術は他にもあります（本試験には出てきません。またそうした技術は演算に時間がかかります）。比較的，誤りが発生しにくい環境（Bluetoothなど）で使われる誤り訂正技術だと考えてください。また，ランダム誤り（⇔バースト誤り）の訂正に向いています。

こんな問題が出る！

ハミング符号の用途の説明として，適切なものはどれか。

ア　Bluetooth通信で，ビット誤りを訂正するために使われている。
イ　G3ファクシミリで画像データの圧縮に使われている。
ウ　HDLCフレーム内のビット誤りを検出するために使われている。
エ　MP3でオーディオデータの圧縮に使われている。

解説　問われている技術自体はメジャーなものばかりですが，それがどの誤り訂正符合を採用しているかを答えさせる相当マニアックな出題です。一応，「ビット誤りの訂正」がヒントになっているので，選択肢アとウの2つに絞り込むことはできるでしょう。とすると，HDLCがCRCを使っているのは定番知識なので，出題者としては消去法で選択肢アを選ばせたかったのかもしれません。ちなみに選択肢エがひっかけで，ハフマン符号で間違わせたかったものと思われます。

解答：ア

合格のツボ

覚えておくべき誤り制御

パリティチェック	簡単，1ビットの誤りを見つけられる。1列（1行）が偶数か奇数になるように調節する
CRC	生成多項式は複雑だが，バースト誤りを見つけられる
ハミング符合	誤り検出に加えて，誤り訂正までできる

第 2 章

LANとWAN

LANとWAN

01 物理層の規格

出題ナビ

最も出題頻度が高いのは，リピータです。何層の通信を中継する通信機器なのかは，確実に覚えておきましょう。ケーブルの規格や，より対線の知識などが散発的に問われますが，頻度を考えれば，詳細事項については切り捨てる戦略もアリです。

同軸ケーブル

導線を誘導体で巻いて，さらにその外側を網状の導線で巻き，ビニールで包んだケーブルです。通信特性は優秀ですが，ケーブルが太く取り回しがしにくいため，近年ではツイストペアケーブルがシェアを奪っています。テレビのケーブルを想像すればOKです。イーサネットで使う同軸ケーブルは，**10BASE5**と**10BASE2**の２種類です。

名称	ケーブル	伝送距離	通信速度
10BASE5	同軸ケーブル（RG-11）	500m	10Mbps
10BASE2	同軸ケーブル（EG-58）	185m	10Mbps

ツイストペアケーブル

ツイストペアケーブルは最も利用されているLANケーブルです。対応する通信速度によってさまざまな種類があります。どのカテゴリ以上のケーブルが必要か，両者の対応関係を知っておきましょう。

● より対線とは？

重要

コツ

ツイストペアケーブルの内部は，**4本のより対線**で構成するのが基本です。LANケーブルは，要するに電流を流す電線ですが，ノイズを減らすために**ペア**（**対**）になる2本の電線を**よって**（ねじって）おさめてあるので，この名前があります。対ごとに，よじるピッチを変えるとさらにノイズ低減効果があります。規格によっては2本しか通信に使わないものもあり，出題対象になっています。

▼使用するより対線のまとめ

通信規格	通信速度	ケーブルカテゴリ	使用するより対線	各より対線の役割
10BASE-T	10Mbps	カテゴリ3	2本	送信10Mbps／受信10Mbps
100BASE-TX	100Mbps	カテゴリ5	2本	送信100Mbps／受信100Mbps
1000BASE-T	1000Mbps	カテゴリ5e	4本	送受信250Mbps×4
1000BASE-TX	1000Mbps	カテゴリ6	4本	送信500Mbps×2／受信500Mbps×2
10GBASE-T	10Gbps	カテゴリ6A, 7	4本	送受信2.50Gbps×4

通信速度が10Mbpsはより対線を2本，1000Mbpsは4本使います。100Mbpsはどちらの可能性もありますが，TXとT2が2本です。

UTPとSTP

ツイストペアケーブルには，シールド処理されたノイズに強い**STP**と，未処理の**UTP**があります。

ツイストペアケーブルはLANケーブルのことですよね？

そうとは限らないですよ。電話線もツイストペアケーブルですし。「よりあわせてつくったケーブル」を表しています。

それなら，PCに電話線をつなげるんでしょうか？

いえ，それはダメです。コネクタの形が違います。LANケーブルはRJ-45で，電話線はRJ-11です。

合格のツボ

ツイストペアケーブルは

- よってあること，その理由はノイズ対策
- ケーブルカバーの中にあるより対線は，8芯4対
- 余裕があれば，ある対を送信だけに使うのか，送受信に使うのかといったデータを覚える。たいへんならバッサリ切り捨てる

こんな問題が出る！

LANケーブルに関する記述として，適切なものはどれか。

ア　LANケーブル内の対になった導線がより線となっているのは，導線に発生する外来ノイズを減らすためであり，ケーブル内の全ての対のピッチは均一の方が効果が高い。
イ　カテゴリ5eのUTPケーブルは1000BASE-Tで利用される非シールドより対線であり，2本の導線が4対収められている。
ウ　カテゴリ6のUTPケーブルを使用する1000BASE-TXでは，1対のより線で250Mビット／秒のデータを上り下り同時に送り，4対合計で1Gビット／秒の全二重通信を実現している。
エ　対線は2本の導線の電位差で情報を伝え，この対線に発生する外来ノイズの大きさは2本の導線の間隔に反比例する。

解説　ツイストペアケーブルで導線がよってあるのは，ノイズ軽減を狙ってです。各対のよじるピッチがずれているとさらに効果的です。ウは誤答選択肢です。1000BASE-TXでは2対を送信専用，もう2対を受信専用として使います。1対の伝送速度は500Mビット／秒です。

解答：イ

光ファイバ

重要

石英ガラスを被覆して，中に光を通して通信する「光通信」で使われるケーブルです。データ伝送の形式は，**シングルモード**と**マルチモード**に分かれます。

利点	・通信速度が非常に速い ・電気的なノイズに強い ・長距離を伝送できる
欠点	・破損しやすい ・小さく折り曲げることはできない

シングルモードとマルチモード

シングルモード	光ファイバのコア径が小さく，光の通り道（モード）が1つになるタイプ。長距離伝送，高速通信が可能。高価なのが欠点。海底ケーブルに使われる
マルチモード	光ファイバのコア径が大きく，複数のモードで通信するタイプ。プラスチックで作ることもでき，安価で比較的折り曲げに強い。構内配線に使われる

光ファイバの規格

ギガビットイーサネット技術を**1000BASE-X**と総称します。IEEE 802.3zで規定され，スター型のトポロジで接続します。利用する場面に応じて，長距離用の**1000BASE-LX**と短距離用の**1000BASE-SX**の2つに大別できます。通信速度は常に向上し続けており，10Gbps級，100Gbps級の規格も利用されています。

重要

規格名	**対応モード**	**コスト**	**波長**	**利用シーン**
1000BASE-LX	マルチモード／シングルモード	高コスト	1350nm	キャリアで利用
1000BASE-SX	マルチモード	比較的低コスト	850nm	構内LANなど
10GBASE-SR	マルチモード	比較的低コスト	850nm	構内LANなど
10GBASE-LR	シングルモード	高コスト	1310nm	キャリアなどで利用
100GBASE-SR4	マルチモード	比較的低コスト	850nm	構内LANなど
100GBASE-LR4	シングルモード	高コスト	1310nm	キャリアなどで利用

合格のツボ

光ファイバ

- **シングルモードとマルチモードの区別は，地味だが必須**
- **確実に覚えておきたいのは，ざっくりと「シングルモードの最大伝送距離はキロ単位，マルチモードの最大伝送距離はメートル単位」**

リピータ

重要

リピータは，OSI基本参照モデルの第1層，物理層でネットワークを接続する通信機器です。**電流の増幅**と**信号整形**のみを行います。例えば，10BASE-Tの最大伝送距離は100mですが，これを超えて通信を行う場合に，リピータで電流を増幅します。

● 段数制限

注意

10BASE-T，10BASE5，10BASE2では，リピータを数珠つなぎにできる最大段数は**4台**まで，100BASE-TXでは**2台**までの**段数制限**があります。つなぎすぎると遅延により，コリジョン検出ができなくなるためです。現在ではコリジョンをなくして通信速度を向上させるために，スイッチングハブを用います。ハブを利用する機会は少なくなっています。

● ハブ

マルチポートリピータともいいます。複数のケーブルを接続できるリピータです。

単に増幅するだけでアドレスで通信の振り分けとかしないんですか？

そうです。電源の延長コードのようなものだと思ってください。ハブは，マルチタップの電源コードに相当します。

合格のツボ

ハブの要点

- マルチポート（接続口がたくさんある）リピータのこと
- ここでいうハブをスイッチングハブと区別するときは，ノンインテリジェントハブなどとする
- 特別な処理は何もしない。パケットのキャプチャなどを行うときは，それが利点になり，あえてハブを使うこともある（すべてのパケットを取得できるため）

午後問題はこう出る！

…中略…

〔採用する製品の選定〕

Z社では，電力線を伝送路に使う製品（以下，製品Pという），テレビアンテナ用同軸ケーブルを伝送路に使う製品（以下，製品Cという）及び電話配線を伝送路に使う製品（以下，製品Vという）を取り扱っている。本案件には，通信の機能及び性能の面で，どの製品も採用可能である。これらの製品の共通点は，次のとおりである。

・製品は，親機と子機で構成される。1台の親機には，複数台の子機を収容できる。
・親機は伝送路の集線箇所に接続し，子機は伝送路の末端に接続する。
・親機と子機間の通信には，搬送波の変調及び復調によってデータ伝送を行う，ブロードバンド伝送方式と呼ばれる技術が使用されている。

O主任からLAN設計を指示されたU君は，製品の選定に着手した。

最初に，通信品質について検討した。製品Pと製品Cは同じ通信技術を用いているが，①伝送路として使う構内配線の通信媒体の優位性という面で，製品Cの方が優れている。製品Cと製品Vは，優劣がつけ難い。

次に，各製品の親機とL2SW間の配線について検討した。各製品の親機のLANポートは，1000BASE-T規格である。製品P及び製品Cでは，親機の接続箇所と設備室間に新たな配線工事が必要になる。その配線長は，1000BASE-T規格の最大セグメント長である100m以下であるが，配線経路の電磁環境を考慮すると波長850nmの光信号で通信を行う1000BASE- ［ イ ］ 規格で中継することが望ましい。そのためには，UTPではなくマルチモード光ファイバでの配線と，メディアコンバータが必要になる。製品Vでは電話交換機と主配線盤間の電話配線を中継する形で親機を接続するので，設備室内でのUTPの引回しで済む。また，②製品Vには，親機が故障したときに通話に影響しないように対応する機能を有することを確認している。

…中略…

設問　本文中の ［ イ ］ に入れる適切な字句を答えよ。

解説　1000BASEシリーズは，名前の通り1000Mbpsの通信速度を発揮する技術群ですが，光ファイバを使うSX，LX規格と，UTPを使うT規格に大別することができます。SX，LXはそれぞれ光の波長を表していて，SXが短波長（850nm），LXが長波長（1350nm）です。

　波長まで覚えて対策するのは難しいかもしれません。その場合，「電磁環境を考慮すると」の一文でUTPの可能性が消えること，構内での配線であることから1000BASE-SXであると推論しても正答を導けます。

解答：SX

覚えにくいを覚えやすく

同軸ケーブル，ツイストペア，光ケーブルの規格名

○○BASE△△形式の表記は，さらっと本文に出てきます。

最初の数字	通信速度，10BASE-Tなら10Mbps
BASE	ベースバンド通信（変調しない方式。詳細は問われない）
BASEの後の文字	ケーブル種別（5…太い同軸ケーブル，2…細い同軸ケーブル，T…ツイストペアケーブル）

T2，T4，TXなどの細目種別はあまり出題されません。T2は通信により対線の2対を使う，T4なら4対といった意味があります。

LANとWAN

02 ネットワークトポロジ

出題ナビ

トポロジそのものが出題対象です。より注意して覚えておきたいのは，あるプロトコルが何型のトポロジを採用しているかということ。プロトコルの動作の根幹にかかわるので，正確に理解しておきましょう。物理トポロジと論理トポロジが違うケースに注意。

4つのトポロジ

ネットワークの配線は膨大なパターン（ネットワークトポロジ）が考えられます。本試験対策としては，代表的なネットワークトポロジ4つを覚える必要があります

● バス型トポロジ

基幹となるケーブルに，何本もの支線が延びる形態です。端末ノードは，支線に接続します。

利点	ノードの故障が全体の故障に波及しない
欠点	ネットワークの柔軟な変更は行いにくい

● スター型トポロジ

自転車の車輪のように，中央のハブから星型にケーブルが延びて端末ノードを接続する形態です。

利点	ネットワーク構成の変更が簡単
欠点	ハブが故障するとネットワーク全体が止まる

● リング型トポロジ

ケーブルをリング状に配置し，その上にノードを載せていくイメージです。トークンパッシング方式は，この形態にする必要がありますが，ネットワークの敷設や再構成に時間がかかるのが欠点です。

● メッシュ型トポロジ

すべてのノード同士をケーブルでつなぐ形態です。どこかが断線しても別ノードとは通信でき，迂回経路も複数設定できるので，耐障害性に優れています。ただし，敷設の手間と費用は大きく，管理も大変です。

●バス型トポロジ

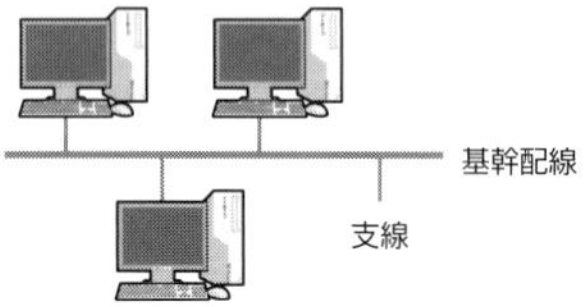

●スター型トポロジ

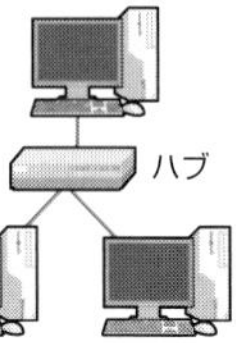

●リング型トポロジ

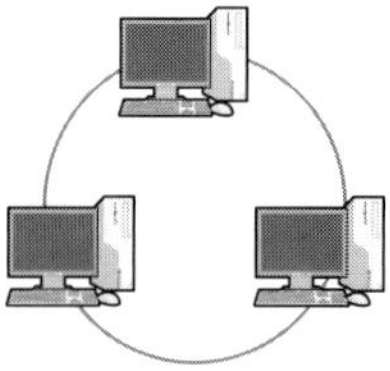

●メッシュ型トポロジ

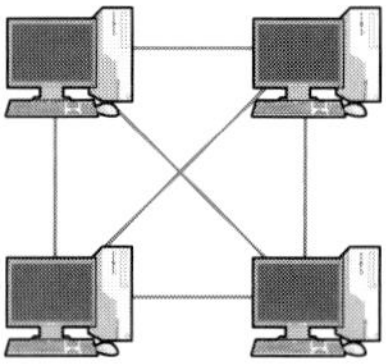

10BASE-Tは，ハブを中心としたスター型ですよね。

注意

見かけはそうですね。これを物理トポロジといいます。それに対して，実際のパケットの流れ方から見た論理トポロジもあります。物理トポロジと論理トポロジは，一致することもあれば，しないこともあります。

合格のツボ

- 物理トポロジと論理トポロジが違う場合が盲点
- 10BASE-Tは，物理トポロジはスター型，論理トポロジはバス型。ハブは中心にあるだけで，通信の制御はしておらず，各ノードが直接つながっているといえるため
- トポロジと通信方式は密接に結びついている。例えばトークンパッシング方式であれば、必ずリング型にする

LANとWAN

03 データリンク層の規格

出題ナビ

イーサネットは，触れない日はないほど普及している技術なので，本試験でもよく問われます。イーサネットの各規格，CSMA/CDやケーブルのカテゴリは定番です。問われ方が安定しているので，過去問対策がよくききます。給電を行うPoEなどの新技術も忘れずに対策しましょう。

イーサネット

イーサネットとは，**イーサネットフレーム**として定義されるフレームで通信を行う技術の総称です。**IEEE 802.3**として標準化され，非常に普及しています。古典的な10BASE5と最新の100GB級イーサでは，ほとんど別物の通信技術に進化しています。

注意

例えば，本試験でも問われるCSMA/CDは現在のイーサネットでは使われていません。スイッチングハブを使えば伝送路上ではコリジョンは発生しませんし，1000BASE-TXでは送信と受信に別のより対線を使うため，これもコリジョンが発生しないことになります。

それでもイーサネットという名前は使い続けているわけですか。別物なのに？

これだけ普及すると名前は変えられませんね。でも，一番大事なフレーム構造は昔のままですよ。

● ギガビットイーサ

通信の高速化は大変需要が大きく常に技術開発が行われています。ギガビットイーサ，10ギガビットイーサ，100ギガビットイーサが実用化されてきました。

特徴としては，伝送路が光ファイバ主体になること，CSMA/CDを使わなくなることです。光ファイバを使う場合，シングルモードだと長距離伝送が可能（しかし高コスト），マルチモードだと短距離伝送に向いていることを記憶しておきましょう。派生規格がたくさんありますがすべてを暗記する必要はありません。規格名を見たときに何を表しているかを理解できれば多くの問題に解答できます。

10GBASE-SR

上記の場合，基本通り先頭部分は伝送速度です。1Gbpsの場合は1000と表記し，1Gとしないことに注意してください。最後のSRは短距離通信向け，LRなら長距離通信向け，Tと書かれている場合は伝送媒体としてツイストペアケーブルを使います。

● フレーム構造

フレームの構造は，もともとのイーサネットと，IEEE 802.3によって標準化されたIEEE 802.3イーサネットでやや異なります。次の図はイーサネットのフレーム構造です。IEEE 802.3イーサネットでは，データ部にLLCとSNAPを含みます。

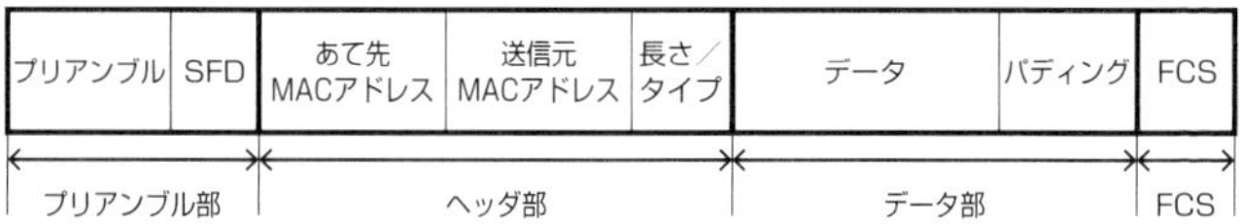

プリアンブル…同期をとるために使われる同期信号。1と0が交互に7オクテット送信される
パディング……イーサネットの最小フレームサイズは64オクテットだが，ペイロード長が小さくこれに満たない場合は，データ部の後に空きデータをパディングする
FCS……………CRCチェックを行い，伝送エラーによるビット誤りを検出するためのフィールド。CRCの対象になるのは，ヘッダ部とデータ部である

▲イーサネットのフレーム構造

● CSMA/CD

イーサネットでは，ケーブルに早い者勝ちでフレームを送出します。複雑な送信管理を行わないこの手順は，機器の簡素化や低コスト化，高速化に効果を持ちますが，伝送路上で通信の**衝突**（**コリジョン**）が起こる可能性があります。これを回避する技術が**CSMA/CD**です。

重要

3ステップで覚える！

CSMA/CDは3ステップ！

①フレームを送信しようとするノードは，ネットワーク上にデータが流れていないか確認する（CS：キャリアセンス）
②ネットワークが使われていなければ，誰でも送信してよい（MA：マルチプルアクセス）
③もしもデータが衝突して壊れてしまったら，**ランダム時間待って再送**する。

なんでランダム時間待つんですか？

2台のPCが通信していて，お互いに一定時間待って再送したら，またぶつかるじゃないですか。

合格のツボ

CSMA/CDの長所と短所
長所：シンプル，安価，高速化しやすい
短所：コリジョンを妨げず再送する方式なので，混んでくると再送ばかりになる

こんな問題が出る！

CSMA/CAやCSMA/CDのLAN制御に共通しているCSMA方式に関する記述として，適切なものはどれか。

ア　キャリア信号を検出し，データの送信を制御する。
イ　送信権をもつメッセージ（トークン）を得た端末がデータを送信する。
ウ　データ送信中に衝突が起こった場合は，直ちに再送を行う。
エ　伝送路が使用中でもデータの送信はできる。

解説

アが正答です。CSMAのCSとはキャリアセンスの略で，キャリア信号の検出を意味しています。

解答：ア

● PoE

PoEはPower over Ethernetのことで，イーサネットケーブル（LANケーブル）を使って通信機器へ給電をする技術です。データセンタにしろ，家庭にしろケーブルを減らしたいニーズは強く（省スペース，柔軟な取り回し），今後普及が見込まれます。

重要

本試験でまず問われるのは，**IEEE 802.3af**です。給電管理は**PSE（給電側機器）**が行います。PSEにPoE対応機器（PD）をカテゴリ3以上のケーブルで接続すると，給電が始まります。

後継規格として，**IEEE 802.3at**も出題されたことがあります。こちらは**PoE+**と呼ばれることがあります。

▼IEEE 802.3afとIEEE 802.3at

IEEE 802.3af	・1つのポートに15.4W給電できる ・Alternative A…伝送路と電力路が同じ（1，2，3，6番ピンを使う） ・Alternative B…伝送路と電力路を分ける（電力路に4，5，7，8番ピンを使う）
IEEE 802.3at	・1つのポートに30W給電できる ・カテゴリ5e以上のケーブルを使う

トークンリング

重要

トークンリングは，**リング型トポロジ**でケーブルを設置し，**トークンパッシング**と呼ばれる伝送制御方式で通信を行う技術です。

● トークンパッシング

リング状のネットワークに**トークン**（発言権）と呼ばれるデータをぐるぐる巡回させ，リング上に置かれたノードは，トークンが回ってきたときだけ，そこに付加する形でフレームを送信することが可能です。トークンが1個しかなければ，送信できるノードはネットワーク上に1つだけになるので，原理的にコリジョンが起こらないことになります。

利点	・衝突が起こらない！ ・ネットワークが混んでいても，安定して通信できる
欠点	・論理トポロジがリング型に限定される ・トークンの管理を行うので，通信手順や機器が複雑。高コスト

重要

ぐるぐる巡回しているトークンを**フリートークン**，誰かが捕まえて送信したい情報が付加されたトークンを**ビジートークン**といいます。

ビジートークンは，あて先ノードにデータを届けた後，送信元ノードに戻ってきます。ここで，送信元ノードはデータの到達を確認し，トークンをもとのフリートークンにもどします（トークンのリリース）。

合格のツボ

	特徴	使われるシーン
イーサネット	CSMA/CD，安価，シンプル，通信量が増えると輻輳が起こる	LANの主要なプロトコル。近年では長距離通信（広域イーサネット）でも
トークンリング	トークンパッシング，高価，複雑，通信量が増えても性能を発揮する	信頼性や速度を重視する用途に向いていた。大学などで採用された

こんな午後問題が出る！

A社は，中堅規模の情報処理サービス会社である。A社の業務拠点は，システム開発部門や管理部門のある本社，大型コンピュータ，サーバ，ストレージなどを設置してシステム運用を行うデータセンタ（以下，DCという）と，帳票の印刷，媒体や印刷物の受取，送付などのBPO（Business Process Outsourcing）業務を行うBPOセンタ（以下，BCという）の三つであり，各拠点は都内及び近郊にある。DCには，システム開発とBPO業務に必要な自社保有の機器の他，顧客から運用を委託されている機器が設置されている。各拠点の社員は，DC内のサーバにアクセスして業務を行っている。BCは，拠点としては一つであるが，近隣の複数のビルに分散している。今般，効率面及びセキュリティ上の問題から，BCを一つのビルに統合することになった。

〔BCの統合計画〕

統合後のBCには，通常のオフィススペースだけでなく，大型のプリンタ，磁気テープ装置，ネットワーク機器などを設置するマシン室と，帳票や媒体を取り扱う作業場所を設置する。通常のオフィススペースには，従来どおりの有線LANを用意するが，作業場所は，柔軟にレイアウトを変更できるように，無線LANとノートPCを導入する。計画に当たり，情報システム部のB君が，BCのネットワーク構成の詳細検討を任された。B君が考えたネットワーク構成の概要を，図1に示す。

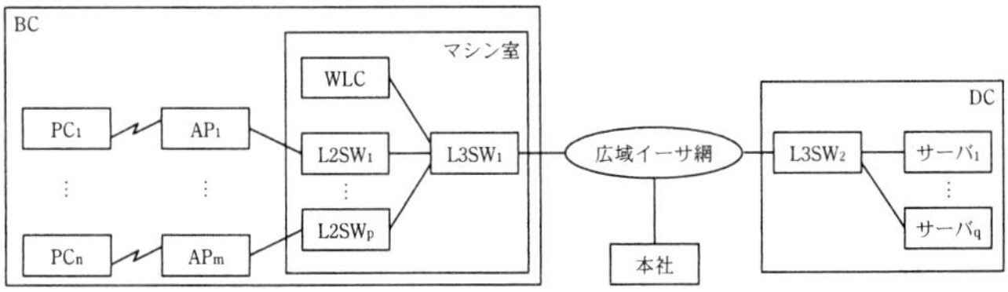

AP：無線LANアクセスポイント　WLC：無線LANコントローラ
L2SW：レイヤ2スイッチ　L3SW：レイヤ3スイッチ　広域イーサ網：広域イーサネットサービス網
注記　マシン室と通常のオフィススペースを結ぶ，有線LAN部分は省略されている。

図1　ネットワーク構成の概要

〔WLCとAPの検討〕

B君は，既に無線LANを導入している本社の経験を基に，ネットワーク担当者の運用負荷の軽減と効率向上を考慮し，BCにWLCを導入することにした。ネットワーク担当者は本社で業務を行っており，WLCを利用すれば，遠隔地のBCへ出向く回数が抑えられると考えたからである。導入予定のWLCは，本社に導入したAPと同じメーカの製品であり，次のような機能がある。

・APの構成と設定を管理する。
・APのステータスを監視する。
・AP同士の電波干渉を検知する。

WLCのベンダからは，本社のAPも，このWLCで管理できるという説明を受けたが，まずはBCに設置するAPを管理することを目標にして，検討を進めた。

BCに導入するAPは，電源コンセントの位置を気にしなくて済むように，LANケーブルから電力を取れるPoE（Power over Ethernet）に対応するものを選定した。

PoEは，IEEE [ア] afとして規格化されており，給電側の機器をPSE（Power Sourcing Equipment），受電側の機器をPD（Powered Device）という。PSEは，機器が接続されると，PoEに対応している機器かどうかチェックする。したがって，同一のネットワーク内に対応機器と非対応機器の混在が可能となる。導入予定のL2SWは，各イーサネットポートに対して最大15.4W，装置全体では56Wの給電能力をもち，データ伝送において通常使用されるLANケーブルの1，2，3，6番以外の [エ] 番のピンを給電に使用するAlternative B方式なので，結線には注意が必要である。機器によっては電力が不足する場合があるので，各ポートに30Wの電力を供給できる [オ] という規格もあるが，導入予定のAPの最大消費電力は12Wなので，今回は採用しない。

…中略…

設問　〔WLCとAPの検討〕について，本文中の [ア] ， [エ] ， [オ] に入れる適切な字句を答えよ。

解説

【空欄ア】

PoEの基本的な規格は，IEEE 802.3afです。afか，発展規格のatかの見分けが難しいのですが，そこは問われていないので，確実に解答したい設問です。

【空欄エ】

何番ピンが給電に使われるか……，は相当マニアックな設問ですが，基礎的な知識としてイーサネットケーブルに8本のピンがあることをおさえていれば，消去法で解答可能です。おそらく，出題者もこの導き方を想定していると思われます。

【空欄オ】

文脈からIEEE 802.3afの発展規格であることが明らかです。IEEE 802.3atを解答すればOKですが，仮にatの部分を忘れてしまった場合，PoE+という俗称を書いても得点できる可能性があります。こちらの方が覚えやすいですから，迷ったらこう書くのもよいでしょう。

解答：ア：802.3，エ：4，5，7，8，オ：IEEE 802.3at

04 データリンク層の接続機器

出題ナビ

ブリッジの出題に尽きます。ブリッジが何の情報でフレームの転送／破棄を決めるのか，ブリッジでせき止められる範囲を何というのかは，是非覚えてください。スパニングツリーはやや専門的な知識ですが，出題頻度が増えています。ツリー内でのブリッジの役割に要注意です。

ブリッジ

ブリッジの役割は2つあります。

① コリジョンドメインを分割する
② 通信をMACアドレスで制御する

重要

コリジョンドメインとは，通信の衝突（コリジョン）を検知できる範囲のことです。コリジョンドメインは，ブリッジによって分割されます。

ブロードキャストドメインとは違うのですか？

あれはIPの機能で，ルータで区切られた同一ネットワークのことを指します。その範囲のすべてのノードにIPパケットを送信するのが，ブロードキャストです。

一般的に，コリジョンドメインの方が細かい区分けです。コリジョンドメイン=ブロードキャストドメインになることもあります。

● ブリッジのMACアドレス学習とフィルタリング

重要

ブリッジは通信を中継するたびに，そのノードのMACアドレスを学習し，**MACアドレステーブル**に書き込みます。すると，次に同じノードあての通信があった場合に，関係のないポートにフレームを転送しなくて済むようになります（フィルタリング）。MACアドレステーブルにないあて先が指定された場合は，すべてのポートにフレームを転送します。また，古い情報は一定時間（多くの場合，数分）経過後にテーブルから削除されます。

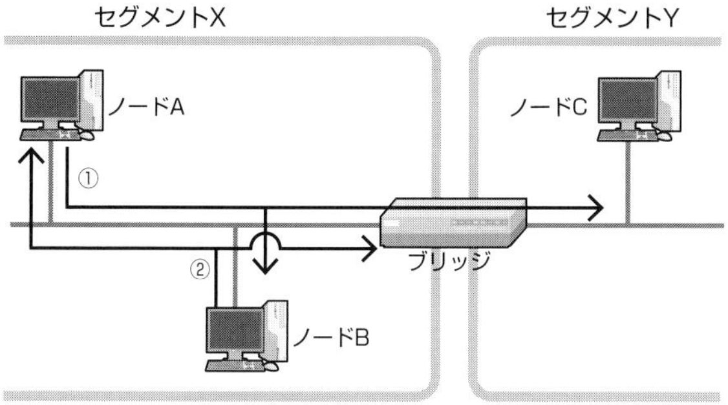

①ノードAがノードBにデータを転送。同セグメントのノードB，ブリッジの両方に届く。この段階でブリッジはノードAのMACアドレスを学習。ブリッジはまだノードBのMACアドレスを学習していないので通信をセグメントYにも転送
②ノードBがノードAに返信。同セグメントのノードA，ブリッジの両方に届く。今度はノードBからのデータなのでブリッジはノードBのMACアドレスを学習

▲ブリッジによるMACアドレスの学習

スイッチングハブ（L2SW）

リピータとハブが同じ物理層の機器でも，延長コードとマルチタップ延長コードの違いがあったように，ブリッジにたくさんのポートをつなげるようにしたのが**スイッチングハブ**です。マルチポートのブリッジだと考えてください。

ハブってことは，物理層の機器ですか？

同じ「ハブ」という言葉が入っていますが，ハブは物理層，スイッチングハブはデータリンク層です。混同しやすいので，注意してください。

コツ

スイッチングハブは，各ポートにつながれているノードのMACアドレスを学習します。無駄なポートにフレームを伝送しないだけでなく，ハブでは不可能だった複数組の並行通信ができます。もっとも，学習が完了していない場合は，すべてのポートにフレームを転送する必要があります。

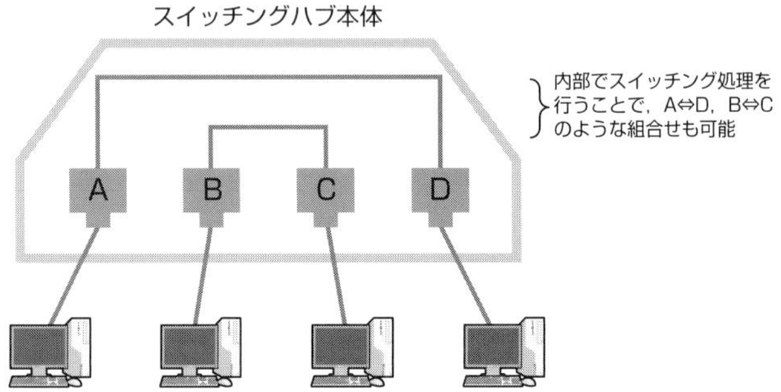

▲スイッチングハブのスイッチング処理

合格のツボ

ブリッジ
- MACアドレスによってフレームを転送するかしないか判断する

スイッチングハブ
- ブリッジをマルチポート化したのがスイッチングハブ（L2SW）
- 必要のないポートには，フレームを転送しない。1対のノードが通信しているときに，別の1対のノードが同時に通信を行える

● リンクアグリゲーション

重要

リンクアグリゲーションは，複数の回線を束ねて，仮想的な1つの回線にする技術です。100Mbpsの回線2本でリンクアグリゲーションすると，1本の200Mbpsの回線として使えます。どちらかが断線しても，100Mbpsの回線としてそのまま運用できるため，信頼性向上の用途にも使われます。

こんな問題が出る！

コンピュータとスイッチングハブ（レイヤ2スイッチ）の間，又は2台のスイッチングハブの間を接続する複数の物理回線を論理的に1本の回線に束ねる技術はどれか。

ア　スパニングツリー　　イ　ブリッジ
ウ　マルチホーミング　　エ　リンクアグリゲーション

解答：エ

スパニングツリー(STP：スパニングツリープロトコル)

LAN内でフレームを転送すると，ブリッジの設定によってはループが生じる可能性があります。そのループを防ぐための技術が**スパニングツリー**です。

ループを防ぐためにはLANのマップが必要です。そのマップを作るためにやり取りされる情報収集フレームを**BPDU**と呼び，ツリー構造のマップが作られます。

●ツリー構造の作成

重要

スパニングツリーアルゴリズムでは，ネットワークの中で起点となる**ルートブリッジ**を作成し，次に**ルートポート**，**代表ポート**を決めます。ルートポートでも代表ポートでもないポートは，冗長なリンクを構成するポートであり，フレームループの原因となるため，通常運用時は**ブロッキングポート**としてブロックします。

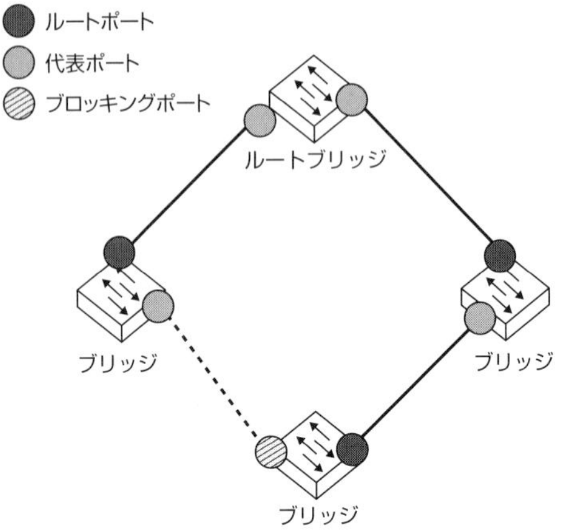

▲**スパニングツリー**

考える順序で覚える！

スパニングツリーの考え方

① まずルートブリッジを決める
ブリッジの**プライオリティ値**の小さいもの（同じ場合は，MACアドレスの小さいもの）が選ばれる

② 次にルートポート／代表ポート／ブロッキングポートを決める
ルートポート：各ブリッジの，最小コストでルートブリッジに到達できるポート
代表ポート：各セグメントが，ルートブリッジに到達するために使うポート
ブロッキングポート：ルートポートでも代表ポートでもないポート（冗長なポートなので，ループになる可能性がある）

ループが起こるのは，そんなにまずいんでしょうか？

同じフレームがぐるぐる回るので，ネットワーク帯域を圧迫します。

STPが何をしているのか，よく分かりません。

各ブリッジが，ルートブリッジに至る最短経路を1つ確保して，それ以外の経路を閉じます。すると，ルートブリッジを頂点とした木の形のネットワークになるので，ループが起こらなくなるというしくみです。

合格のツボ

スパニングツリー

- ブリッジにはプライオリティ値（優先順位）が与えられている。値の小さいものがルートブリッジになる
- ブリッジIDという用語で出題されることもある。これはプライオリティ値＋MACアドレスのこと
- ルートブリッジを起点にマップをつくる。BPDUの交換で，各ブリッジの各ポートからルートブリッジまでのコスト（距離）を確定する

こんな問題が出る！

スパニングツリープロトコルに関する記述のうち，適切なものはどれか。

ア　OSI基本参照モデルにおけるネットワーク層のプロトコルである。
イ　ブリッジ間に複数経路がある場合，同時にフレーム転送することを可能にするプロトコルである。
ウ　ブロードキャストフレームを，ブリッジ間で転送しない利点がある。
エ　ルートブリッジの決定には，ブリッジの優先順位とMACアドレスが使用される。

解説　データリンク層のブロードキャストストームを防止するプロトコルです。ブリッジに優先順位をつけます。

解答：エ

午後問題はこう出る！

E社は，コンピュータ関連製品の販売会社である。本社の他に複数の営業所があり，販売代理店経由で製品を販売している。本社では，販売，購買，会計などの基幹システムと，販売業務を支援する各種業務システムを運用している。これらのシステムは，複数台の物理サーバ上の仮想サーバで稼働させている。本社のネットワークシステム構成を，図1に示す。

VLANが設定されているポートとVLAN設定内容

ポートID	VLAN ID
P1	10
P2	20
P3	120
P4，P23	100，110
P5，P6	10，20，100，110，120
P21，P22	100，110

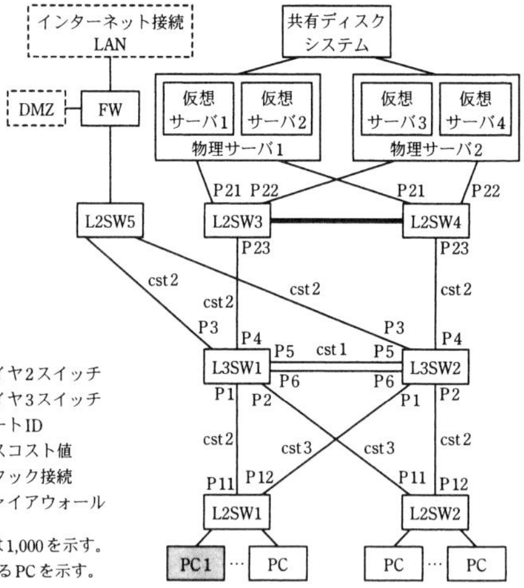

L2SW1～L2SW5：レイヤ2スイッチ
L3SW1，L3SW2：レイヤ3スイッチ
P1～P6，P11，P12，P21～P23：ポートID
cst1～cst3：パスコスト値
━━：スタック接続
FW：ファイアウォール

注記1　cst1は10，cst2は100，cst3は1,000を示す。
注記2　網掛け部分は，設問で使用されるPCを示す。

図1　本社のネットワークシステム構成（抜粋）

ここ数年，E社の売上は低迷している。そこで，E社では競争力を強化するために，急速に発展したスマートフォンやタブレット端末などのモバイル端末（以下，MNという）を活用して，顧客の要望に即応できるような体制づくりに着手することを決めた。第1段階として，本社にMNの活用環境を構築・整備することになり，情報システム部のR課長は，部下のS主任に無線LAN導入案の検討を指示した。

S主任は，無線LAN導入案の検討に先立ち，ネットワーク構成の解析訓練を兼ねて，後輩のJ君に本社のネットワーク構成，ネットワークの運用状況などの調査を指示した。

〔現状調査〕

S主任の指示を受けたJ君は，本社のネットワークシステムの現状調査を行った。調査結果は，次のとおりである。

- 現在，本社の機器には固定IPアドレスが設定されている。利用できる基幹システムと業務システムは，部署ごとに決められている。利用制限は，二つの方法によって行われている。一つは，アプリケーションプログラムに組み込まれた認証処理によるアクセス制御である。もう一つは，図1中の，PCからサーバへの経路上の機器であるL3SWに設定された，パケットフィルタリング条件の適用である。パケットフィルタリング条件は，接続を許可するPCとサーバのIPアドレスの組合せで記述されている。
- 物理サーバ又は仮想サーバに障害が発生したときには，他の物理サーバで新たに仮想サーバを起動して，基幹システム，業務システムを再稼働させる。
- 図1中の，L3SW1及びL3SW2のP5，P6には，リンクアグリゲーションが設定されている。
- 物理サーバの，L2SW3とL2SW4への接続ポートには，アクティブ／アクティブ構成のチーミング機能が設定されている。
- L2SWとL3SWでは，STP（Spanning Tree Protocol）が動作している。L3SW1をルートブリッジとするために，L3SW1のブリッジIDは［ イ ］の値となっている。各リンクのパスコスト値とVLAN IDは，図1中に記載された内容である。

…中略…

設問　本文中の［ イ ］に入れる適切な字句を答えよ。

解説　STPについての設問です。ルートブリッジにしようとしているのはL3SWですが，難しく考える必要はありません。L3SWはL2SWの上位レイヤにある機器なので，L2SWの機能を包含していて，ルートブリッジにもできるということです。

STPでは，最も小さいブリッジIDを持つ機器がルートブリッジとなるため，「最小」を解答します。

解答：最小

05 ネットワーク層の接続機器

出題ナビ

コリジョンドメインとブロードキャストドメインの違いは，よく理解しておきましょう。どの通信がどこまで届くかにかかわるので，午後問題で未達パケットの原因を調査するようなシナリオにまで絡んできます。ルータはWAN用，構内接続はL3SWと考えてしまって大丈夫です。

ルータ

重要

ルータはネットワークとネットワークを結ぶ通信機器で，IPアドレスによって通信を制御するのが最大の特徴です。ここでいうネットワークとは，**ブロードキャストドメイン**（IPブロードキャストが届く範囲）のことです。

ネットワークがある程度大きくなったら，ルータで分割してネットワークを分けると，ネットワークのサイズや通信量を適切な水準に保つことができます。

● 経路制御

ルータはIPアドレスを参照して，あて先が送信元と同じ方向のネットワークにあるか判断します。ある場合は転送の必要がありませんし，ない場合は転送を行います。転送できるネットワークが複数ある場合は，あて先までの距離やコストなどの経路情報をもとに最適な経路へ送り出します。これを**経路制御**といいます。

重要

経路情報を保存するテーブルのことを**ルーティングテーブル**（**経路制御表**）といいます。ルータはルーティングプロトコルを使うなどして経路情報を収集し，ルーティングテーブルを更新します。

注意

パケットのあて先がルーティングテーブルにない場合，あらかじめ決めておいたルータにパケットを転送します。このルータを**デフォルトゲートウェイ**といいます。

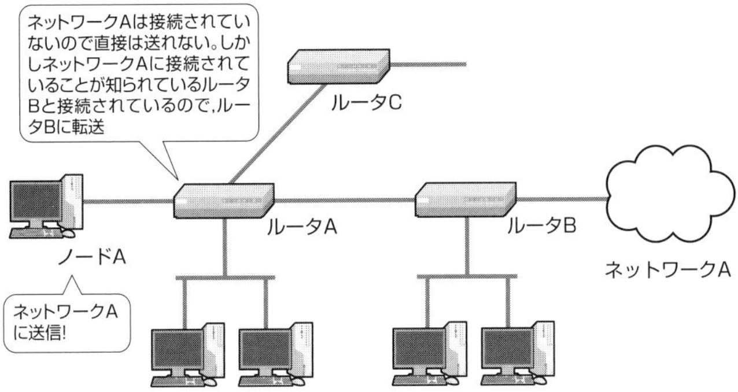

▲ルータによる経路制御

距離で経路を決めるんですね。何メートルとか，あらかじめ測っておくんですか？

重要

インターネットでは，目的地までのルータの数のことを距離（ホップ）といいます。
コストは回線の速さなども加味した概念で，より適切な経路を選択できますが，ルータに与える負荷が大きくなります。

合格のツボ

ルータは
- ネットワーク層の通信機器で，ネットワーク層以下の情報で通信を制御できる
- IPアドレス（ネットワーク層の情報）で，経路制御や通信可否の判断をするのが本職！
- MACアドレス（ネットワーク層以下の情報）での通信制御も可能
- どこに転送していいか分からない場合は，デフォルトゲートウェイに！

こんな問題が出る！

ルータの機能に関する記述のうち，適切なものはどれか。

ア　MACアドレステーブルの登録情報によって，データフレームをあるポートだけに中継するか，全てのポートに中継するかを判断する。
イ　OSI基本参照モデルのデータリンク層において，ネットワーク同士を接続する。
ウ　OSI基本参照モデルのトランスポート層からアプリケーション層までの階層で，プロトコル変換を行う。
エ　伝送媒体やアクセス制御方式の異なるネットワークの接続が可能であり，送信データのIPアドレスを識別し，データの転送経路を決定する。

解説　それぞれの選択肢が，OSI基本参照モデルの各階層の通信機器の説明になっています。IPアドレスを用いてデータの転送経路を決めることから，正答はエであると導けます。アはスイッチングハブ（マルチポートブリッジ）について，イはブリッジについて，ウはゲートウェイについての説明です。

解答：エ

L3スイッチ（L3SW）

コツ

注意

L3スイッチ（**L3SW**）はネットワーク層で通信を中継する通信機器です。その点ではルータと同じですが，処理の多くをハードウェア化して，転送速度を上げているのが特徴です。多くのサブネットを接続するためにポート数を増やしても，パケットロスや伝送遅延が起こりにくくなっています。さらにポート数が必要な場合は，複数のスイッチを繋げて1台のスイッチのように使う**スタック機能**を使います。

ただし，多くの機能がハードウェア化されているので，カスタマイズしにくい欠点もあります。通信のフィルタリングなど柔軟な運用はルータの方が得意です。LANと外部ネットの接続にルータ，LAN内でサブネットを分けるのにL3スイッチを使います。

合格のツボ

L3スイッチ（L3SW）の特徴

- スイッチは構内，ルータは外部との接続
- 構内接続のために，ポートがたくさんあるのも特徴
- スイッチを束ねるのは，スタック機能
- 利点…ハードウェア化により，転送速度が速い
- 欠点…ハードウェア化により，処理の柔軟性に欠ける

午後問題はこう出る！

…中略…

L2SW，L3SWともに，複数の物理筐体を接続し，単一のスイッチとして機能させる［　オ　］機能を使用する。これによって，複数の筐体を一つのIPアドレスで管理できるようになる。

…中略…

設問　本文中の［　オ　］に入れる適切な字句を答えよ。

解説　複数のスイッチ装置を接続（重ねるような感じ）して，1つのスイッチのように使うことをスタック接続，スタック機能といいます。

解答：スタック

覚えにくいを覚えやすく

L2SWとL3SW，違いを確実に！

・どちらもスイッチ。構内接続に使う多ポートの高速通信機器であることはいっしょ

・L2SW…通信制御をMACアドレスで行う

・L3SW…通信制御をMACアドレス＋IPアドレスで行う

06 トランスポート層以上の層の接続機器

出題ナビ

出題頻度そのものは低い分野ですが，負荷分散の考え方をポイントとして理解しておきたいところです。単純に通信を割り振ればよいわけではなく，いかにセッションを維持しつつ通信を割り振るかが，手を変え品を変え問われています。DNSラウンドロビンなどと絡めて出題されることもあります。

ゲートウェイ

重要

ゲートウェイは，OSI基本参照モデルの第4層〜第7層で接続を行う通信機器です。本試験で問われる用途は3つです。

① プロトコル変換
② セキュリティ対策
③ 負荷分散

注意

プロトコル変換	携帯メールと，インターネットのメールのように，ルールが異なるシステムの仲介をする
セキュリティ対策	アプリケーション層プロトコルの内容を検査できる。IPアドレスなどより，多くの情報で判断する
負荷分散	特定のサーバに負荷が集中しないよう，ポート番号やセッションIDなどの情報を使って，通信を振り分ける

IPアドレスやMACアドレスでも負荷分散できませんか？

単純な振り分けならできますが，「同じ利用者で同じセッションだから，同じWebサーバへ振り分けないとまずい」といったケースがあります。そのためには，第4層以上の情報が必要になります。

合格のツボ

ゲートウェイ

- セキュリティ対策や負荷分散におけるゲートウェイの特徴は，L1～L7すべての層の情報を使えること
- L2までやL3までの情報しか使えない機器に比べると，判断が詳細，正確になる
- アプリケーション層のどのプロトコルに対応するかは，各ゲートウェイに依存。メールゲートウェイは，httpの処理はできない

L4スイッチとL7スイッチ

● L4スイッチ

L3スイッチがIPアドレスを参照して通信の振り分けを行うのに対して，L4スイッチはポート番号も利用して通信を振り分けます。L3スイッチ同様に，ハードウェア化によって転送が高速になっているのが特徴です。

注意

本試験の出題例では，**負荷分散装置**として，ネットワークに組み込まれていました。ポート番号を参照して，例えば同じWebサーバへのアクセスが続いている場合，そのサーバへの負荷を軽減するために，ミラーWebサーバへも通信を振り分けるわけです。

● L7スイッチ

L7スイッチはアプリケーション層までの情報を使って通信を制御する装置です。プロトコルの種類で転送先のサーバを変更したり，転送の優先度を変更したりすることができます。

合格のツボ

- L○スイッチというのは，1層から○層までの情報を利用して，通信制御を行うスイッチということ
- 上に書いていないL5スイッチが出題されても（されないが），あわてない。1～5層の情報を使うスイッチというだけ

覚えにくいを覚えやすく

ゲートウェイとスイッチの違い

L7ゲートウェイとL7スイッチって何が違うの？

- ・スイッチは，通信の転送に特化した機器
- ・ゲートウェイは，プロトコルの変換やセキュリティ検査などをする機器
- ・L1～L7の情報を使う点では一緒。使う目的が違う

負荷分散装置（ロードバランサ）

重要

特定の機器に通信が集中すると，せっかく他の機器に空きがあるのにサービスが止まるなどの不具合が生じます。そこで，各機器への通信が平準化するように振り分ける負荷分散が行われます。負荷分散を行う機器が，**負荷分散装置**（**ロードバランサ**：**LB**）です。

コツ

負荷分散にはスイッチが使われます。単に分散させるだけならL2スイッチで十分ですが（最初の通信はWebサーバ1へ，次はWebサーバ2へ等），同じPCからの通信だから同じサーバに振り分けよう，同一セッション中だから同じサーバに振り分けよう，ときめ細かい配慮が必要になる場合は，L4，L7スイッチなどの高機能なスイッチが必要になってきます。

午後問題はこう出る！

H社では，社員の業務スキル向上のために，PCのブラウザから利用できるeラーニングシステム（以下，eシステムという）を導入して，一部の部署で活用してきた。その結果，eシステムの活用効果を確認できたので，研修コースを拡充して全社に展開することにした。各コースのコンテンツは，文字，図表，音声及び動画を使って作成されている。eシステムは，全社員が利用することになるので，eシステムのサーバ（以下，eSVRという）を複数台の構成にして，負荷分散装置（以下，LBという）で処理を振り分けることにした。H社のネットワーク構成を，図に示す。本社と営業所のネットワークのIPアドレスは，サブネットを設定せず，それぞれクラスAとクラスBが用いられている。

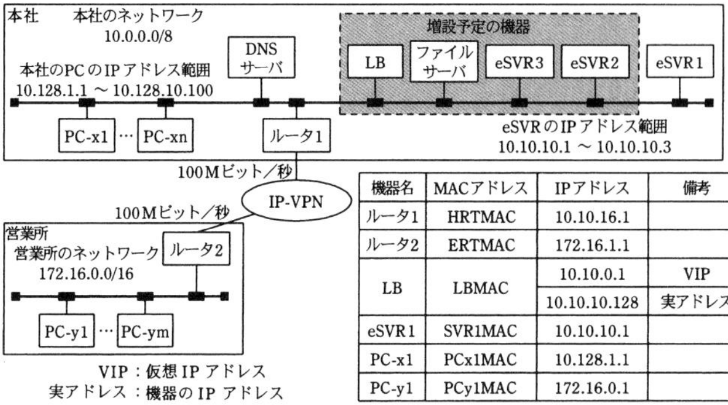

機器名	MACアドレス	IPアドレス	備考
ルータ1	HRTMAC	10.10.16.1	
ルータ2	ERTMAC	172.16.1.1	
LB	LBMAC	10.10.0.1	VIP
		10.10.10.128	実アドレス
eSVR1	SVR1MAC	10.10.10.1	
PC-x1	PCx1MAC	10.128.1.1	
PC-y1	PCy1MAC	172.16.0.1	

図 H社のネットワーク構成（抜粋）

〔増強するeシステムの構成〕

eシステムの増強は，情報システム部のP君が担当することになった。P君は，eシステムの利用者数と，ベンダから入手したパフォーマンスに関する仕様を基に，eSVRとLBの機種を選定した。また，コンテンツと管理情報の一元管理のために，ファイルサーバも併せて導入することにした。

選定したLBは，(ⅰ)処理の振分け機能，(ⅱ) ［ ア ］ 維持機能，(ⅲ)ヘルスチェック機能を持っている。(ⅰ)には，様々な方式がある。本システムの応答時間は，eSVRの負荷の増加とともに長くなると考えられたので，応答時間が最短のeSVRに処理を振り分ける方式を採用することにした。(ⅱ)には，リクエスト元のIPアドレスに基づいて行うレイヤ3方式や，Webページにアクセスしたユーザに関する情報を保持する ［ イ ］ に埋め込まれた，セッションIDに基づいて行うレイヤ7方式などがある。eシステムを利用するPCには，IPアドレスが固定設定されているので，レイヤ3方式を利用することにした。(ⅲ)には，レイヤ3，レイヤ4及びレイヤ7の各レイヤで稼働状況を監視する方式がある。eシステムのサービスポートの稼働状況を監視するために，レイヤ4方式を利用することにした。

…中略…

設問　〔増強するeシステムの構成〕について答えよ。
(1) 本文中の［ア］，［イ］に入れる適切な字句を答えよ。

解説　ロードバランサの問題点の1つ，セッションの維持について問われています。

HTTPはステートレスなプロトコルでした。つまり，単独のHTML文書を送受信するためのもので，複数のHTML文書にまたがるやり取りなどはサポートしていません。しかし，現実にはいくつかのHTML文書をかたまり（セッション）として同一のサーバで処理しないとうまく動かないことがあります（ショッピングサイトの買い物かごなど）。

単純にHTTP通信を振り分けると，一つのセッションが複数のサーバに分散して振り分けられ，正常稼働しない状態に陥ります。そこで，セッションを維持する機能が別途必要になるわけです。クッキーにセッション識別用のIDを埋め込んだり，クライアントのIPアドレスで識別する方法などが出題されます。今回，空欄イとして問われている技術は，「情報を保持する」，「埋め込まれる」などのキーワードから，クッキーであると推定できます。

解答：(1) ア：セッション，イ：クッキー

LANとWAN

07 機器間の関連

出題ナビ

NWを受験する水準にある方は，個々の通信機器に関する知識は十分かもしれません。しかし，午後問題に対応するためには，それらがどのように組み合わされ，連携して動作しているのかを理解しておく必要があります。ここでは，典型的な連携メカニズムと出題ポイントを見ていきましょう。

構内構成の基本形

本試験では，様々な通信機器が複雑に組み合わせられて出題されます。しかし，基本は**ルータ⇔L3SW⇔L2SW**の階層構造です。下図に基本形を示しましたので，まずはこの構造を頭に入れましょう。

コツ

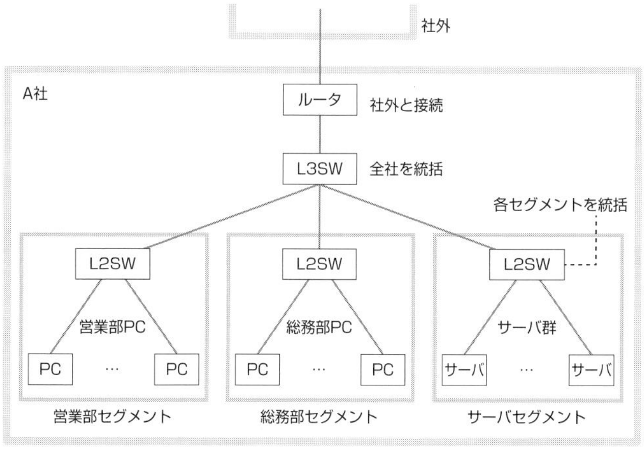

▲午後問題に典型的なネットワーク構成図

ネットワークスペシャリストの本試験では，これが次の図のような形で取り上げられます。

似ても似つかないように思われますが，FWが左側に描かれて社外と繋がっていること，基本形では下側に描かれていたサーバセグメントが

VLANが設定されているポートと
VLAN設定内容

ポートID	VLAN ID
P1	10
P2	20
P3	120
P4，P23	100，110
P5，P6	10，20，100，110，120
P21，P22	100，110

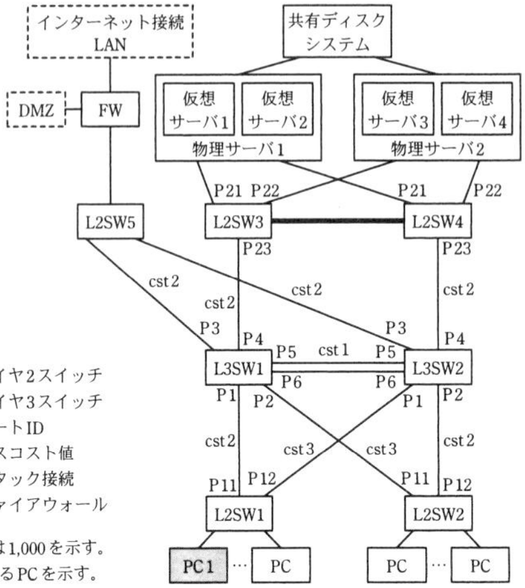

L2SW1～L2SW5：レイヤ2スイッチ
L3SW1，L3SW2：レイヤ3スイッチ
P1～P6，P11，P12，P21～P23：ポートID
cst 1～cst 3：パスコスト値
━━━━：スタック接続
FW：ファイアウォール

注記1　cst 1は10，cst 2は100，cst 3は1,000を示す。
注記2　網掛け部分は，設問で使用されるPCを示す。

図1　本社のネットワークシステム構成（抜粋）

▲NW25年秋午後Ⅱ問1図1より

上側に描かれていること，各L3SW，L2SWが障害対策のために二重化されていることに気付けば，大まかな形は基本形の通りであり，各機器が次のような処理を担っていることが分かります。

▼図から読み取れること

機器名	参照する情報	行われる処理	通信が破棄されるケース
L2SW1	MACアドレス，VLANID	あて先MACアドレスが接続されたポートへのフレームの転送	異なるVLAN IDを持つMACアドレスへのフレームが破棄される
L3SW1	IPアドレス，MACアドレス，VLANID	あて先IPアドレスが接続されたポートへのパケットの転送	異なるVLANIDを持つIPアドレスへのパケットが破棄される
L2SW5	MACアドレス，VLANID	あて先MACアドレスが接続されたポートへのフレームの転送	異なるVLANIDを持つMACアドレスへのフレームが破棄される

この問題では，FWについては解答条件となる情報の記載がありません。その場合，設問では問われないか，ごく一般的なFWの挙動を念頭に解答を作ることになります。ここではインバウンド／アウトバウン

ドトラフィックの監視，DMZにあるサーバ群へのパケットの振り分けが想定されます。

合格のツボ

午後問題のネットワーク構成図は

- **社内LANなどで，そうそう奇抜な構成はない。基本形をいじっただけ**
- **ルータ，FWは社外との接続**
- **L3SWは社内LANの核。IPアドレスで通信制御**
- **L2SWはL3SWの下で，部署や部門の核になる。MACアドレスで通信制御**

ルータとL3SWの違い

ルータとL3SW（レイヤ3スイッチ）はどちらもネットワーク層に属する通信機器です。L3SWは通信の制御ロジックがハードウェアで実装されていて，高速動作することに特徴があります。ルータはこれをソフトウェアで行うため速度の点で劣りますが，柔軟な運用ルールの追加，多数のプロトコルへの対応に力を発揮します。

一般的に，社内ネットワークと社外ネットワークの境界にルータを置き，社内の部屋間やフロア間を結ぶときにL3SWを使います。

ルータの冗長化

ルータはIPネットワーク上の最重要の通信機器です。ルータが停止するとネットワークに大きな影響を与えるために，何らかの対策が取られます。最もよく出題される対策は**冗長化**です。現実によく用いられることと，ネットワーク図が複雑になるために，受験者の力量を試しやすいことが原因です。

重要

複数のルータを接続し，1台のルータのように振る舞わせるプロトコルを**VRRP**（Virtual Router Redundancy Protocol：仮想ルータ冗長プロトコル）といいます。仮想ルータを組む場合，**VRRPグループID**という番号をつけ，同番号のルータ同士がVRRPグループを構成します。

何台でVRRPグループを構成しても，その中で使われるルータは1台（**マスタルータ**：プライオリティ値の高いものが選ばれる）で，それが故障したときに同グループ内の別のルータが処理を引き継ぎます。

午後問題はこう出る！

E社は，コンピュータ関連製品の販売会社である。本社の他に複数の営業所があり，販売代理店経由で製品を販売している。本社では，販売，購買，会計などの基幹システムと，販売業務を支援する各種業務システムを運用している。これらのシステムは，複数台の物理サーバ上の仮想サーバで稼働させている。本社のネットワークシステム構成を，図1に示す。

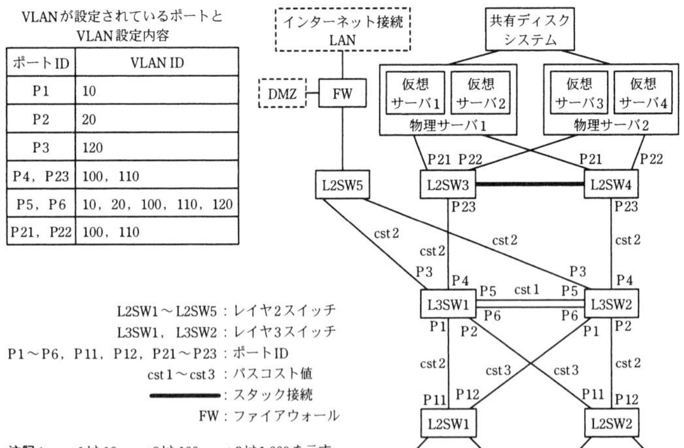
VLANが設定されているポートとVLAN設定内容

ポートID	VLAN ID
P1	10
P2	20
P3	120
P4，P23	100，110
P5，P6	10，20，100，110，120
P21，P22	100，110

注記1 cst 1は10，cst 2は100，cst 3は1,000を示す。
注記2 網掛け部分は，設問で使用されるPCを示す。

図1 本社のネットワークシステム構成（抜粋）

ここ数年，E社の売上は低迷している。そこで，E社では競争力を強化するために，急速に発展したスマートフォンやタブレット端末などのモバイル端末（以下，MNという）を活用して，顧客の要望に即応できるような体制づくりに着手することを決めた。第1段階として，本社にMNの活用環境を構築・整備することになり，情報システム部のR課長は，部下のS主任に無線LAN導入案の検討を指示した。

S主任は，無線LAN導入案の検討に先立ち，ネットワーク構成の解析訓練を兼ねて，後輩のJ君に本社のネットワーク構成，ネットワークの運用状況などの調査を指示した。

〔現状調査〕

S主任の指示を受けたJ君は，本社のネットワークシステムの現状調査を行った。調査結果は，次のとおりである。

・現在，本社の機器には固定IPアドレスが設定されている。利用できる基幹システムと業務システムは，部署ごとに決められている。利用制限は，二つの方法によって行われている。一つは，アプリケーションプログラムに組み込まれた認証処理によるアクセス制御である。もう一つは，図1中の，PCからサーバへの経路上の機器であるL3SWに設定された，パケットフィルタリング条件の適用である。パケットフィルタリング条件は，接続を許可するPCとサーバのIPアドレスの組合せで記述されている。

・物理サーバ又は仮想サーバに障害が発生したときには，他の物理サーバで新たに仮想サーバを起動して，基幹システム，業務システムを再稼働させる。

・図1中の，L3SW1及びL3SW2のP5，P6には，リンクアグリゲーションが設定されている。

・物理サーバの，L2SW3とL2SW4への接続ポートには，アクティブ／アクティブ構成のチーミング機能が設定されている。

・L2SWとL3SWでは，STP (Spanning Tree Protocol) が動作している。L3SW1をルートブリッジとするために，L3SW1のブリッジIDは最小の値となっている。各リンクのパスコスト値とVLAN IDは，図1中に記載された内容である。

・L3SW1とL3SW2には，VRRPで仮想ルータが設定されている。L3SW1とL3SW2の仮想ルータの設定内容は，表1のとおりである。

表1　L3SW1とL3SW2の仮想ルータの設定内容

スイッチ	L3SW1					L3SW2				
項目	VR1	VR2	VR3	VR4	VR5	VR1	VR2	VR3	VR4	VR5
VRRP グループ ID	1	2	10	11	12	1	2	10	11	12
仮想 IP アドレス	VIP1	VIP2	VIP3	VIP4	VIP5	VIP1	VIP2	VIP3	VIP4	VIP5
Priority 値	200	100	200	100	200	100	200	100	200	100
所属 VLAN ID	10	20	100	110	120	10	20	100	110	120

注記　VR1 ～ VR5 は，仮想ルータ名を示す。

・L2SW1に接続されたPCのデフォルトゲートウェイにはVIP1が，L2SW2に接続されたPCのデフォルトゲートウェイにはVIP2が設定されている。また，仮想サーバ1と仮想サーバ2のデフォルトゲートウェイにはVIP3が，仮想サーバ3と仮想サーバ4のデフォルトゲートウェイにはVIP4が設定されている。これらの設定によって，仮想ルータの負荷分散が行われている。

…中略…

設問1　図1において，PCからサーバへの経路上で，パケットフィルタリングを設定する場合，どの機器にその機能を持たせるか。なお，パケットフィルタリング条件は，接続を許可するPCとサーバのIPアドレスの組合せである。

設問2　表1中の仮想ルータVR1がマスタルータとなるスイッチ名を，図1中の機器名で答えよ。

解説　【設問1】

経路問題ですから，まずは経路をなぞります。PC～L2SW～L3SW～L2SW～サーバですね。パケットの伝送に使われる通信機器は，L2SWかL3SWになるわけですが，L2SWではIPアドレスによる通信制御はできません。したがって，条件に合致するのはL3SWであると特定できます。

【設問2】

VR1ですから，表1からL3SW1とL3SW2で構成されているVRRPグループであることが分かります。参加しているのは2台のスイッチだけですから，どちらかがこのグループのマスタルータです。マスタルータは，プライオリティ値によって決まります。L3SW1には200，L3SW2には100のプライオリティ値が割り振られていますから，より大きいプライオリティ値を持つL3SW1がVR1のマスタルータです。

解答：設問1：L3SW，設問2：L3SW1

LANとWAN

08 無線LANの規格

出題ナビ

IEEE 802.11シリーズの規格は頻出です。使用周波数帯，最大伝送速度などは頭に入れてください。セキュリティもよく問われる要素です。WEPの脆弱性，ESSIDやMACアドレスフィルタリングを使う対策の効果と限界について，理解を深めてください。

無線LANの規格

無線LANの規格は，IEEE 802委員会が定めています。現在普及している規格は次の6種類です。

▼無線LANの各規格

規格	最大伝送速度	周波数帯	特徴
IEEE 802.11b	11Mbps	2.4GHz	障害物に強い。無線の場合は実効スループットは大幅に落ちるので，マルチメディア通信などには向いていない
IEEE 802.11a	54Mbps	5GHz	早くから普及した規格
IEEE 802.11g	54Mbps	2.4GHz	11bと上位互換。11bと混在させられるが，11bのノードに対する待ち時間が大きくなり，11g対応ノードの通信速度は落ちる
IEEE 802.11n（Wi-Fi 4）	600Mbps	2.4GHz/5GHz	11a，11b，11gと上位互換。2つの周波数帯を併用するのが特徴。従来規格と互換性があり，11a，11b，11g対応のノードも11nのネットワークに接続することが可能。チャネルボンディング，MIMO対応
IEEE 802.11ac（Wi-Fi 5）	6.9Gbps	5GHz	11a，11nと上位互換。チャネルボンディング，MIMO対応
IEEE 802.11ax（Wi-Fi 6）	9.6Gbps	2.4GHz/5GHz	チャンネルボンディング，MIMO対応，マルチユーザMIMOの強化で多数接続能力が向上

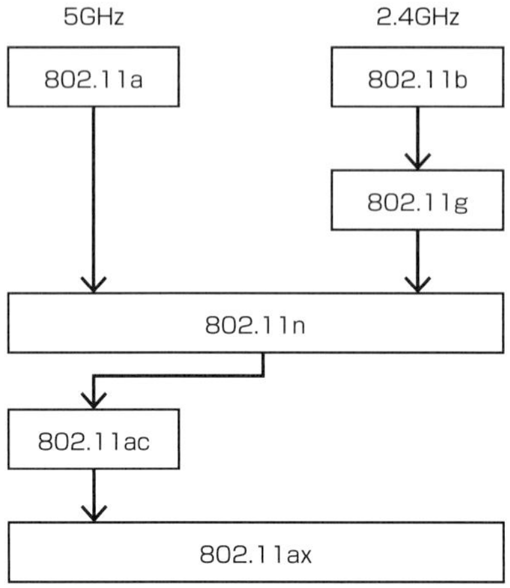

※IEEE 802.11acは5GHz専用だが，直前のIEEE 802.11n規格が両方の帯域に対応していたので，移行はスムーズ

▲無線LAN規格の移り変わり

● Wi-Fiナンバリング

Wi-Fiは無線機器同士の接続を認証するしくみでした。無線技術が未熟で機器同士の相性が問題になった時期に，Wi-Fiマークがあることで安心して購入できたわけです。今ではIEEE 802.11の規格名よりWi-Fiの方がずっと有名です。そこで、11nをWi-Fi 4，11acをWi-Fi 5，11axをWi-Fi 6とナンバリングしてわかりやすく表記することが決められました。

● その他の規格

Bluetooth	周辺機器の接続に使う無線PAN技術。テザリングなどへ用途が広がっている
ZigBee	低速低電力で稼働する無線PAN技術。センサーの接続などに使われる

無線LANの速度の改良

無線LANは有線LANと比べて速度が劣るので，常に高速化に最大の焦点をあてて規格の進歩が図られてきました。その主要な方法は，**帯域幅の拡大**（11nで40MHz，11acで80MHz）とMIMOです。帯域幅の拡大には，隣接したチャネルを束ねる**チャネルボンディング**が使われます。

コツ

MIMOとは，データの送受信に複数のアンテナを使い，並行通信を行うことで，通信速度を上げる技術です。

無線LANではチャネルを使い分けることで同時通信ができますが，使用するチャネルが同一だったり間隔が小さいと**電波干渉**を起こします。**スペクトラムアナライザ**を使うと，電波の使用状況が分かります。

こんな問題が出る！

無線LAN標準規格に関する記述のうち，適切なものはどれか。

ア　IEEE 802.11aでは，周波数帯として2.4GHz帯を使用することが規定されている。
イ　IEEE 802.11bでは，変調方式として，OFDMを使用することが規定されている。
ウ　IEEE 802.11gでは，アンテナ技術としてMIMOが規定されている。
エ　IEEE 802.11nでは，20MHzと40MHzのチャネル幅が規定されている。

解説　エ　正答です。MIMOも規定されています。

解答：エ

合格のツボ

- 無線LANについては，意外と細かいスペックが問われがち
- p.87の表「無線LANの各規格」は得点源
- 電波干渉でつながらない→スペクトラムアナライザで調べよう，も定番

午後問題はこう出る！

〔無線LANの設計〕

システム企画課のG君は，まず，社内の無線LANの設計に着手した。次は，無線LANネットワークの設計に関する，G君と上司のH氏の会話である。

H氏：今回は無線LANの規格としてIEEE 802.11nを利用できるということだが，今まで使っていたIEEE 802.11gとはどこが違うのかな。

G君：はい。IEEE 802.11gでは帯域幅20MHzであったのに対し，IEEE 802.11nでは40MHzも利用可能となっています。これは隣り合う帯域幅20MHzのチャネルを二つ束ねることによって，送信データ量を2倍以上に増やす [ア] という技術を使ったものです。これによって，例えば20MHzでは理論値で144Mビット／秒だった伝送速度が，最大で [イ] Mビット／秒になります。また，送信側と受信側の双方で複数のアンテナを使い，同時に異なるデータを送信して受信時に合成する [ウ] という技術によって，データをより高速にやり取りすることができます。

…中略…

設問　本文中の [ア] ～ [ウ] に入れる適切な字句を答えよ。

解説　空欄アはチャネルを2つ束ねる技術ですから，チャネルボンディングを解答します。

IEEE 802.11nの最大速度は600Mbpsですが，空欄イ，ウでは「帯域が倍になることで，144Mbpsだった伝送速度が [イ] になる」ことや，[ウ] を使うことで [イ] より更に高速化できるという表現に注意してください。

最大速度である600Mbpsを単純に答えさせるような設問ではないわけです。空欄ウの方は，複数のアンテナを使うというキーワードから比較的容易にMIMOを導けますから，空欄イにはMIMOを考慮しない300Mbpsを記入しましょう。

解答：ア：チャネルボンディング，イ：300，ウ：MIMO

LANとWAN

09 無線LANの接続

出題ナビ

無線LANの接続ではセキュリティが頻出です。電波が拾えれば誰でも接続できる可能性があるため，最重要の考慮項目だからです。ESSIDがセキュリティの足しにはならないこと，WPAなどの認証と暗号化を使ったプロトコルを使う必要があることを覚えましょう。

無線LANのアクセス手順

無線LAN対応ノードが，無線LANのアクセスポイント（AP）に接続するときは，**ビーコン信号**でAPを識別してチャネルを選びます。その後は認証のステップで，**ESSID**の確認と暗号化通信のネゴシエーションへと続きます。

手順で覚える！

無線LANのアクセス手順

①アクセスポイント（AP）は常にビーコンを発信する
②ノードは，ビーコンの中から使いたいチャネルを選んで接続する
③ESSIDの確認
④WPAによる認証

● ESSID

無線通信の性質上，複数のアクセスポイントが利用できることがあります。そのため，アクセスポイントには**識別子（ESSID）**があり，見分けられるようになっています。

重要

ESSIDはビーコンの中に含まれていますが，これを隠す**ステルスモード**があります。ESSIDを知っている人だけが接続できるようにしたモードですが，漏れやすい情報であるため，このアクセス制限だけでセキュリティ対策とするのは危険です。

● ANY接続

ANY接続は，どのアクセスポイントでもいいので，一番条件のよい（電波の強い）ものにつなぐ接続モードです。アクセスポイントのESSIDを知らなくても接続できます。セキュリティ上の脆弱性になり得るので，アクセスポイント側でANY接続を拒否していることがあります。

注意

ESSIDが漏れやすいというので，MACアドレスフィルタリングをかけました！ これなら安全ですね。

MACアドレスは暗号化されないので盗聴し放題ですし，偽装もできるので，MACアドレスフィルタリングに過度な期待をしてはいけません。

合格のツボ

- もともとはSSID（AP識別子）で，ESSIDは拡張SSIDのこと
- 何が拡張されたかといえば，複数のAPをまたがってIDをつけられるようになった。AP識別子というよりはネットワーク識別子
- ESSIDが普及したため，SSIDと書いてあっても，ESSIDの意味で使われていることがある。本試験では迷うような設問設定はないので，気にしなくていい

● 無線LANで使われる暗号化規格

無線LANの運用では暗号化が必須です。WEP→WPA→WPA2→WPA3と進化してきました。WEPの使用は推奨できないことをまず覚えておきましょう。WPAはIEEE 802.11iの登場が遅れたために，Wi-Fiアライアンスが先行して定めたIEEE 802.11iのサブセットです。

注意

WEP	無線LANの暗号化規格としては古く，ほとんどのノードが対応。現在では高速な解析方法が知られており利用は推奨されない
WPA	WEPの欠点をカバーする形で制定された規格。暗号化アルゴリズムはWEPと同じRC4だが，TKIP（鍵を自動的に変更していくしくみ）の採用で攻撃に対して強固になっている。認証方式はパーソナルモードとエンタープライズモードの2種類。パーソナルモードでは事前共有鍵を，エンタープライズモードではIEEE 802.1Xを使用する
WPA2	WPAをさらに拡張した規格で，暗号化アルゴリズムにAESが使われている。運用方法でパーソナルとエンタープライズに分かれている点もWPAと同じ
WPA3	鍵交換プロトコルとして辞書攻撃に強いSAEが使えるようになった。エンタープライズモードではCNSA暗号化アルゴリズムも利用可能。WPA3-Personal，WPA3-Enterpriseと表記する

合格のツボ

WEPの欠点

- MACヘッダを暗号化できない
- APごとにWEPキーが設定される（ユーザごとに変更できない）
- WEPキーの生成方法に弱点がありすぐに解析されてしまう

3ステップで覚える！

無線LANの暗号化（登場順＆弱い順）

①WEP（弱い，暗号に欠陥）
②WPA（標準規格の策定遅れ＋古い機器の早急な強化）
③WPA2（WPA＋AES）
④WPA3（現在の標準，WPA2＋SAE）

IEEE 802.1X

コツ

LANに接続するノードを認証するしくみです。無線LAN専用ではなく，有線LANでも使えます。ノードを認証するための認証サーバ（**RADIUS**）が必須であることがポイントになります。

セットで覚える！

IEEE 802.1Xの構成要素は3つ

①サプリカント……クライアント
②オーセンティケータ……クライアントがアクセスする機器で，スイッチやアクセスポイントが該当する
③認証サーバ……認証情報を持ち，パスワードやディジタル証明書を使って，通信の許可／拒否を行うサーバ

重要

IEEE 802.1Xは，認証方式のネゴシエーションと認証，鍵交換に**EAP**を，データを伝送するプロトコルとして**EAPOL**（EAP over LAN）を使います。

よく出題されるのはEAPです。たくさんの種類の中から認証方式が選べるようになっているので，ざっと表を見て，どのようなものがあるか確認してください。

▼EAPの種類

EAP-TLS	ディジタル証明書でサプリカント（クライアント）と認証サーバを相互接続する
EAP-TTLS	ディジタル証明書でサーバを認証する。サプリカントの認証には，ユーザIDとパスワードを使うため手軽。パスワードの交換にはチャレンジレスポンスなどが用いられる
EAP-MD5	チャレンジレスポンス方式で，ユーザIDとパスワードを使って認証を行うタイプ。ハッシュ関数としてMD5を使う
EAP-POTP	ワンタイムパスワードを使って認証を行う
EAP-PEAP	EAP-TTLSとほぼ同じだが，認証に使える方式が限定される
EAP-SIM	スマートフォンのSIM（加入者識別機構）を使って認証する
EAP-FAST	共通鍵を使う方式。ディジタル証明書なしでの鍵交換を認めているので簡便で動作も速いが，運用次第では脆弱性になり得る

こんな問題が出る！

利用者認証情報を管理するサーバ1台と複数のアクセスポイントで構成された無線LAN環境を実現したい。PCが無線LAN環境に接続するときの利用者認証とアクセス制御に，IEEE 802.1XとRADIUSを利用する場合の標準的な方法はどれか。

ア　PCにはIEEE 802.1Xのサプリカントを実装し，かつ，RADIUSクライアントの機能をもたせる。
イ　アクセスポイントにはIEEE 802.1Xのオーセンティケータを実装し，かつ，RADIUSクライアントの機能をもたせる。
ウ　アクセスポイントにはIEEE 802.1Xのサプリカントを実装し，かつ，RADIUSサーバの機能をもたせる。
エ　サーバにはIEEE 802.1Xのオーセンティケータを実装し，かつ，RADIUSサーバの機能をもたせる。

解説　IEEE 802.1Xの基本的な用語を問う問題です。サプリカント＝クライアントPC，オーセンティケータ＝認証スイッチ，認証サーバ＝RADIUSを使って認証をするサーバです。ポイントは，オーセンティケータはRADIUSサーバに認証を要求すること，すなわちRADIUSのクライアントになることです。

解答：イ

合格のツボ

- IEEE 802.1Xの3つの要素！
  サプリカント，オーセンティケータ，認証サーバ
- 認証サーバにはRADIUSを使う

無線LANのアクセス方式

● CSMA/CA

注意

無線LANのアクセス管理には，CSMA/CDに修正を加えた**CSMA/CA**が使われます。CD（衝突検知）が**CA**（**衝突回避**）になっているのが変更点です。

無線LANでは電波を使うため衝突の検出ができません。そのため，無線LANノードがデータの送信をリクエストすると，アクセスポイントは他のノードに対して送信抑止時間を通知して，衝突が発生しないよう管理します。

アドホックモードって言葉を耳にしましたが，どんな意味なんでしょう？

アクセスポイントを介さずに，ノード同士が直接無線で通信するモードです。アクセスポイントを介して通信する方式は，インフラストラクチャモードといいます。

こんな問題が出る！

無線LANで使用される搬送波感知多重アクセス／衝突回避方式はどれか。

ア　CDMA
イ　CSMA/CA
ウ　CSMA/CD
エ　FDMA

解説　四択問題の衣をかぶっていますが，CSMA/CAとCSMA/CDの二択です。出題者はここだけを聞いています。無線LANが使う制御方式は，CSMA/CA。最後の一文字はアボイダンスのAです。セキュリティ分野ではフォールトアボイダンスで出てきます。「回避」のことです。無線の特性上，衝突を見つけられないので回避するわけです。そのために時間が必要で，スループットはCSMA/CDより落ちます。

解答：イ

覚えにくいを覚えやすく

CSMA/CAとCSMA/CD，どっちがどっち？

・最後の一文字が違うだけ。
・Aかん（アカン！）と回避がCSMA/CA
　→無線だから衝突を見つけられないので事前回避
・Dかん（ドカン！）と壊れて再送がCSMA/CD
　→有線は衝突を見つけられるから事後再送でOK！

LANとWAN

10 LANの高速化

出題ナビ

新規技術は比較的出題される分野です。全部に網をかけるのは難しいですし，ヒントが添えられるのが一般的なので，マニアックな対策は不要です。新規技術の動向や進化している方向性などを頭に入れておきましょう。広帯域通信の規格では，ケーブルの種類（光ファイバ，メタルケーブル）に注意してください。

広帯域通信

● 10GbE

注意

GbEは，ギガビットイーサネットを省略した書き方です。非常に高速な伝送技術でコリジョンの検出が困難なため，スイッチの使用が義務づけられ（コリジョンが発生しなくなる），CSMA/CDは使わなくなっています。

● IEEE 802.3an

UTPなどのメタルケーブルを使って，10Gbpsを実現する規格です。**10GBASE-T**と表記されます。最大伝送距離は100mで，ケーブルはカテゴリ6Aを使います。

● IEEE 802.3ae

光ファイバケーブルを使う規格です。派生規格が複数ありますが，まずLAN用とWAN用に分かれ，さらに使用周波数で細分化されると考えてください。

WAN向けの規格	10GBASE-W シリーズ	・10GBASE-EW（超長波長：シングルモード） ・10GBASE-LW（長波長：シングルモード） ・10GBASE-SW（短波長：マルチモード）
LAN向けの規格	10GBASE-R シリーズ	・10GBASE-ER（超長波長：シングルモード） ・10GBASE-LR（長波長：シングルモード） ・10GBASE-SR（短波長：マルチモード）

● 100Gビットイーサ

100Gbps級の通信速度を持つイーサネット規格です。需要はあったものの最初は実現が難しかったので，10GbEを束ねたもの，25GbE，50GbEを束ねたものと進歩してきました。例えば，10GbEを10本束ねる（10レーン）と100Gビットイーサになります。現在では1レーンで100Gbpsを達成する技術もあります。

たくさんの規格があるので，試験対策ですべてを暗記する必要はありません。100GBASE○R□と書かれていたときに次の3つが読み取れればOKです。

- 100Gbpsであること
- ○のアルファベットが運用距離を表すこと（S→L→Eの順で遠距離化）
- □の数値がレーン数を表すこと

● Wi-Fiメッシュネットワーク

モバイル端末やIoTの普及でWi-Fi接続を要求する機器が増大しました。一般的な無線LANルータでは死角や，ルータからの距離による減衰の問題が生じます。それに対応するために複数のサテライトルータを設置し，メインルータとサテライトルータを専用の帯域を使ってメッシュ状に接続するものが**Wi-Fiメッシュネットワーク**です。

メインルータもサテライトルータも同一ESSIDで運用するため，端末は最適な通信状態のルータに接続し，利用者が移動などを行えば接続するルータを自動的に変更（ローミング）します。

これまでも同様の需要に応えるため，無線LAN中継機がありましたが，ESSIDを別にする必要があったり，一度接続すると通信の状態が変化しても同じ機器との通信を維持しようとするなど運用が不便な点がありました。Wi-Fiメッシュネットワークはこれらの不便を解消したといえます。

もっとも，現在「中継機」として販売されている機器にはこれらの不便を克服したものもあり，中継機を使ったネットワークとWi-Fiメッシュネットワークの区別は曖昧になっています。

まーた，IEEE 802ですか…。もう覚えられないっ！

仕方ないですよ。IEEE 802委員会はLANの規格を定めるところで，LANは日々進化しているので。

小数点のところまで覚えておくだけでも得点力が増しますよ。
802.3…イーサネット
802.11…無線LAN

合格のツボ

- 高速規格が登場するたび，「もうメタルケーブルはダメ」といわれて光ファイバが使われる
- しばらくすると，「同じ速度をメタルケーブルで実現！」と新規格が現れる
- そのため高速規格では往々にして，光とメタルと複数の規格が存在することに注意

こんな問題が出る！

10Gビットイーサネット（IEEE 802.ae）の特徴として，適切なものはどれか。

ア　SONET/SDHとの相互接続制をもつ。
イ　STPケーブルを用いる接続方式である。
ウ　接続距離は最長100mである。
エ　半二重モードがサポートされている。

解説　SONET/SDHは光ファイバを使った高速なWAN技術です。IEEE 802.aeが相互接続性を持っていることを暗記してもいいのですが，イーサネットは高速化するほど，光ファイバ系の技術やWAN系の技術と親和性が高くなる傾向を知っておくと応用が効きます。

解答：ア

WiMAX

WiMAX（ワイマックス）はIEEE 802.16規格の別名です。2～11GHz帯の周波数を利用して，最大75Mbpsの通信速度を発揮します。最大伝送距離は50kmに達します。用途によって**IEEE 802.16a**と**IEEE 802.16e**の2つの規格に細分化されます。

	最大伝送距離	最大伝送速度	使用周波数帯	主な用途と特徴
IEEE 802.16a	50km	75Mbps	2～11GHz	固定通信で使う規格。有線ケーブルを引き込めない／引き込みたくない事業所などでラストワンマイル問題を解決する技術
IEEE 802.16e	3km	75Mbps	6GHz以下	移動体通信で使う規格。スマートフォンやモバイルノートを中心にWiMAX対応機種があり，高速移動体通信の選択肢として存在感を増している

合格のツボ

- 新技術系の出題は，出題者にとっても経験がないため，最初はカタログスペックの目立つ部分を問うような出題になる傾向がある
- IEEE 802.aeであれば，「SDHとの相互接続性」といった部分
- すべてを暗記するのは無理であり，そこに時間をかけすぎるのはよくないが，最大伝送距離，使用周波数帯の対比などは設問ポイント

11 アクセス回線

出題ナビ

現実のシェア縮小を反映して，ISDNの出題は減っていますが，午後問題のネットワーク図にさりげなく書かれていることもあるので，油断はできません。ADSLの出題も減少傾向。スプリッタで電話と周波数を分けていること，距離による減衰が激しいことは記憶しておきたいところです。

ISDN

ISDNは，ITU-TのIシリーズ勧告による統合サービスディジタルネットワークのことで，従来バラバラの品目であった電話回線とデータ回線が一つのディジタル回線にまとめられているのが特徴です。回線速度によって，**N-ISDN**（kbpsクラスの通信を行う）と**B-ISDN**（Mbpsクラスの通信を行う）に分けることがあります。

ADSL

ADSLは既存の電話線の未使用部分（本来想定していなかった高周波帯域）を使ってデータ通信を行う技術です。安価で高速なため，日本のブロードバンド回線の普及に貢献しましたが，あくまでも代替技術であるため欠点もありました。

ADSLは**スプリッタ**と呼ばれる周波数分割器を使って，電話とデータ通信を分離します。そのため，1本の電話線で電話やFAXとインターネットへの常時接続を同時に行えます。ADSLの特徴は非対称な通信モードにあり，下りが優遇されています。

注意

▼ADSLの利点と欠点

利点	・電話線の普及率は極めて高く，だれでも使えた ・初期費用，ランニングコストともに小さい ・条件が整えば，下りで50Mbps級の高速な通信が可能 ・電話と並行して使える
欠点	・高周波帯は減衰しやすく，基地局から離れていたり，ノイズがあると通信速度が極端に落ちる ・高速に見えるのは，下りに多くの帯域を割いているから。上りの通信速度は遅い

こんな問題が出る！

ADSLの上りの伝送速度が下りよりも遅くなっていることの説明として，適切なものはどれか。

ア　ISDNとの干渉を防止するためである。
イ　加入者宅のADSLモデムとその対向先であるADSL集合モデムとの間を流れるATMセル仕様で制限されるからである。
ウ　通信事業者やインターネットサービスプロバイダ側でセキュリティチェックを行うからである。
エ　上りの変調周波数帯域が，下りの変調周波数帯域と比べて狭いからである。

解説　ADSLのAは非対称（Asymmetric）のAです。何が非対称かといえば，通信速度が非対称で，下りに帯域を大きく割り当てています。一般的なネット利用者は下り通信の利用が多いので，体感速度を向上させる効果があります。

解答：エ

CATV

家庭に引き込まれる**CATVケーブル**（同軸ケーブル）をアクセス回線として利用するものです。家庭に引き込んだところで，**混合分配器**を使うことで，TV信号と通信データ信号を分離します。同軸ケーブルの通信特性は良好なので，数十Mbpsの通信速度が得られます。CATVが直接問われることはあまりありませんが，アクセス回線の種類として知っておいてください。

電力線通信

電力線通信は，**PLC**ともいいます。名前の通り電力線（電気のコンセント）を使って，通信を行う技術です。既存の敷設線で通信でき，新たにケーブルを引き回さずに済むのが最大のメリットです。

既設線を使った通信技術としては，電話線を使ったADSLやTVケーブルを使うCATVの他に，水道管を使った通信などがあります。

合格のツボ

電力線通信は

- **コンセントさえあれば，通信できる**
- **新しい線を引かなくていい**
- **電力線だけに，ノイズに弱い**

午後問題はこう出る！

Z社は，通信機器の販売代理店であり，取扱い製品の幅広さを生かしたネットワークの設計・構築には定評がある。このたび，地方都市にあるXホテルからZ社に対し，次の要件でLAN導入について引合いがあった。

- 宿泊客にビデオオンデマンド（以下，VODという）サービス及びインターネットアクセスを提供するために，客室にLANを導入する。
- 設備室にインターネット接続回線を引き，ルータ，レイヤ2スイッチ（以下，L2SWという）及びVOD配信サーバを設置する。
- インターネット経由で，VOD配信サーバにコンテンツを蓄積する。
- VOD配信サーバとVODセットトップボックス（以下，STBという）間の通信には，十分な通信帯域を確保するとともに，通信遅延のゆらぎを抑える。
- 配管の制約上，客室内に新たに配線するのは困難である。また，営業の都合上，客室内及び設備室内以外の配線工事も極力回避する。

Z社のO主任は，各階の廊下にアクセスポイントを配置する無線LAN構成では，Xホテルの要件を満たせないと考え，現在の構内配線を伝送路として使うLAN構成を提案することにした。Xホテルの現在の構内配線は，図1のとおりである。

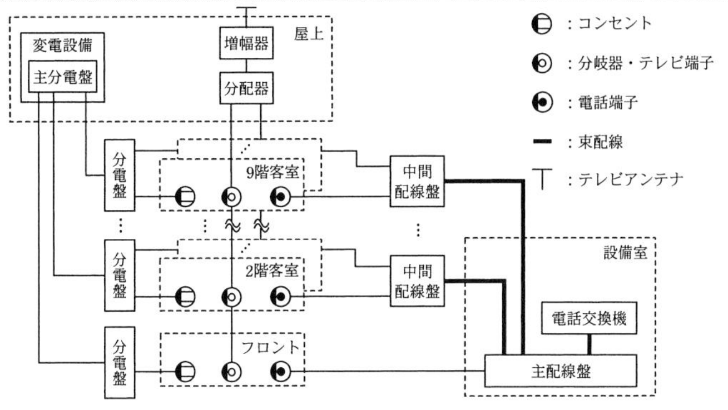

図１　Xホテルの現在の構内配線（抜粋）

〔採用する製品の選定〕

Z社では，電力線を伝送路に使う製品（以下，製品Pという），テレビアンテナ用同軸ケーブルを伝送路に使う製品（以下，製品Cという）及び電話配線を伝送路に使う製品（以下，製品Vという）を取り扱っている。本案件には，通信の機能及び性能の面で，どの製品も採用可能である。これらの製品の共通点は，次のとおりである。

・製品は，親機と子機で構成される。1台の親機には，複数台の子機を収容できる。
・親機は伝送路の集線箇所に接続し，子機は伝送路の末端に接続する。
・親機と子機間の通信には，搬送波の変調及び復調によってデータ伝送を行う，ブロードバンド伝送方式と呼ばれる技術が使用されている。

O主任からLAN設計を指示されたU君は，製品の選定に着手した。

最初に，通信品質について検討した。製品Pと製品Cは同じ通信技術を用いているが，①伝送路として使う構内配線の通信媒体の優位性という面で，製品Cの方が優れている。製品Cと製品Vは，優劣がつけ難い。

次に，各製品の親機とL2SW間の配線について検討した。各製品の親機のLANポートは，1000BASE-T規格である。製品P及び製品Cでは，親機の接続箇所と設備室間に新たな配線工事が必要になる。その配線長は，1000BASE-T規格の最大セグメント長である100m以下であるが，配線経路の電磁環境を考慮すると波長850nmの光信号で通信を行う

1000BASE-SX規格で中継することが望ましい。そのためには，UTPではなくマルチモード光ファイバでの配線と，メディアコンバータが必要になる。製品Vでは電話交換機と主配線盤間の電話配線を中継する形で親機を接続するので，設備室内でのUTPの引回しで済む。また，製品Vには，親機が故障したときに通話に影響しないように対応する機能を有することを確認している。

最後に，客室内の子機の設置，及びSTBとテレビ受像機（以下，TVという）の接続作業について検討したが，製品による大きな差はない。これらの検討結果から，U君は製品Vを選定し，LAN設計に取り掛かった。

…中略…

設問 〔採用する製品の選定〕について，(1)～(2)に答えよ。

(1) 製品P又は製品Cを採用する場合に，それぞれの親機の接続箇所を，図1中の名称を用いて答えよ。

(2) 本文中の下線①について，その優位性の内容を具体的に30字以内で述べよ。

解説

【1】

親機の接続箇所が問われていますが，「親機は伝送路の集線箇所に接続」と〔採用する製品の選定〕に書かれています。製品Pの伝送路は電力線，製品Cの伝送路はテレビアンテナ用同軸ケーブルですから，これらが集線するところを解答すればOKです。電力線は主分電盤，テレビアンテナ用同軸ケーブルは分配器です。

【2】

電力線はあくまで電力を送るためのものです。それに対してテレビアンテナ用同軸ケーブルは，目的は違えど通信を目的としたもので，漏えいやノイズ対策などの通信品質に優れています。

解答：(1) 製品P：主分電盤，製品C：分配器

(2) 漏えいやノイズ対策に優れた同軸ケーブルが伝送路であること

12 光通信

出題ナビ

光通信に関しては，ネタに困ったときに変化球として出題される印象です。出題頻度は高くないので，あまり対策に時間をかけたくありません。個々の暗記的な知識よりは，光通信をめぐる現状について理解しておきたいところです。PONはかわいい語感ですが，受動装置の利点に注目してください。

SDH/SONET

SONETは光ファイバを用いて高速伝送を行う国際標準規格で，ビットレートやフレーム構成など物理層に対応する内容を定めています。SONETはベンダが提案したもので，それをITUがSDHとして標準化しました。**SDH/SONET**と記述することも多いです。

コツ

特徴としては，基本ビットレートが定められていて，その他のビットレートがすべて基本ビットレートの**倍数**になっていることがあげられます。そうすることで，小さなデータを送る場合には小さなビットレートを，大きなデータを送る場合には大きなビットレートを選び，効率的にデータを伝送することができます。小さなビットレートが連続しても，大きなビットレートにぴったり収まります。

基本ビットレートには，**OC-1**（51.84Mbps）や**STM-1**（155.52Mbps）が使われます。

FTTH

● FTTHをめぐる状況

FTTHはFiber To The Homeのことで，光ファイバを家庭に引き込んでアクセス回線として使う技術です。光ファイバの潜在能力は圧倒的ですが，アクセス回線がメタルケーブルのままなかなか進化しないラストワンマイル問題が生じています。ADSLで十分とする利用者や，PCを使わずにモバイル環境のLTEで満足している利用者が多いことが原因といわれています。

● FTTHの構成と通信速度

引き込んだ光ファイバを直接PCにつなぐことはできないため，**回線終端装置**（**ONU**）を使ってイーサネットへとプロトコルを変換します。一般的な通信速度は100Mbpsですが，200Mbpsや1Gbpsのサービスなども登場しています。

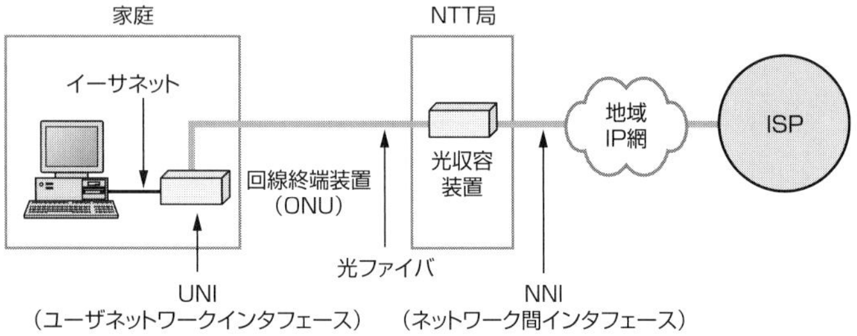

▲FTTHの構成

合格のツボ

- To The Homeといっても，PC自体に光回線を収容することはまだない。
- 自宅まで光ファイバを引き込んで，メディアコンバータに接続する
- ONUとPC間は，イーサネットなどで結ぶ

PON

PONは回線を多重化する技術です。基幹回線から事業所や加入者宅へ，光ファイバを引き込むときなどに使います。

一般的に，個々の加入者宅へ光ファイバを分配するには電気的な装置（AON：能動的な装置を使った光通信）が必要です。信号の再構成を行うためです。しかし，PON（受動的な装置を使った光通信）では**受動装置**と呼ばれる外部電源を必要としない方法がとられています。コスト効率と保守性が高いのが特徴です。具体的には，波長の異なる複数の光を同時に送信し，光スプリッタ（これが受動装置です）にあてることで分配を行います。

受動装置って，そんなにいいものですか？

安いですよ。まず壊れないですし，電源も要りません。サイズも小さくできます。

午後問題はこう出る！

…中略…

〔ストレージ間の通信回線〕

ストレージ間を接続する通信回線として想定している通信事業者の網は，光ファイバを用いたSONETで構成されている。図2にSONETによるリング構成を示す。この二重になったリングでは，通常時には実線の矢印方向に信号を流している。障害発生時には，破線で示す使われていなかったリングを使って再構成するので，サービスを停止することなく継続できる。

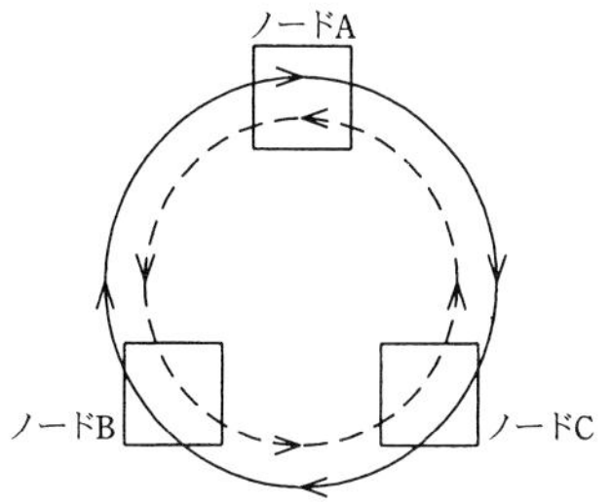

図2　SONETによるリング構成

…中略…

設問　図2において，ノードAとノードBとの間で障害が発生した場合のリング再構成後の状態を，解答欄に示せ。

解説　SONETに限らず，リング型トポロジを採用するネットワークの場合，障害時の冗長性確保がポイントになります。一箇所のトラブルで，ネットワーク全体が止まってしまう可能性があるからです。図2のように二重リングを構成して，故障箇所で折り返すことで冗長性を確保するのが定番の対応方法です。電車の折り返し運転をイメージしてみてください。

解答：

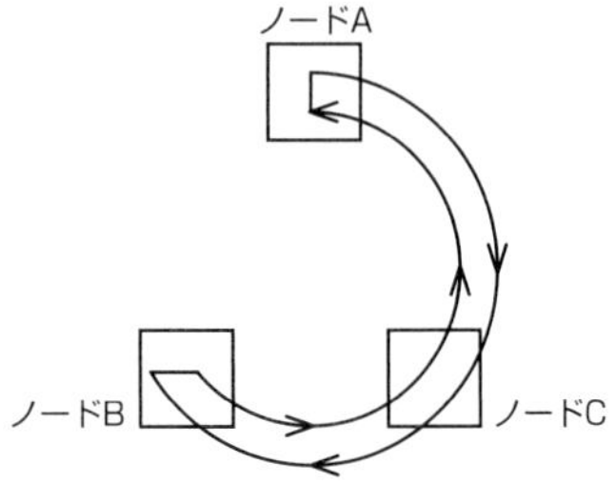

第3章

インターネットの技術

インターネットの技術

01 インターネットの基本

出題ナビ

インターネットは現在も発展し続けていて，常に新しいサービスや技術が登場しています。情報処理試験は新規技術に過敏ではありませんが，クラウドなどの広く普及した概念については普段から報道などを意識して記憶にとめるようにしておいてください。

インターネットへのアクセス回線

インターネットは多くのLANが接続するネットワークの集合体で，巨大な相互接続点（IX）などによって**相互接続**されています。管理体制や設計思想も異なるもの同士が一つのネットワークのように使えるのは，IPを通信プロトコルとして使っているからです。

インターネットを利用するためには，サーバなどの資源を用意する必要があります。一般的な企業や個人がこれを用意するのは大変なので，**インターネット接続事業者**（**ISP**）が現れました。各家庭や企業がISPへ接続するための回線を**アクセス回線**と呼びます。

▼**主なアクセス回線**

アナログ回線	公衆回線網を使ってデータを伝送。回線網にモデムでPCを接続する。低速で現在ではあまり利用されていない
ISDN	サービス統合ディジタル網。回線交換もパケット通信も利用できる。相対的に速度が遅くなってしまったので使われなっている
CATV	ケーブルテレビのケーブルをアクセス回線とする方法。同軸ケーブルや光ファイバが使えるため，伝送速度は下りで数十Mbpsから百数十Mbps
ADSL	公衆回線網を使う技術。理論値で数十Mbpsの伝送速度が出せるが，本来意図していない周波数を使うため減衰が多く，中継局からの距離が離れている家庭では速度が大幅に低下する
FTTH	光ファイバを使うアクセス回線。100Mbps～数Gbpsの高速な通信速度を得られる

もうISDNとかは要らないですよね？

ISDNどころか，モデムだってまだ現役の事業所がたくさんあります。忘れた頃にISDNが出題されたりするので，最低限のことは覚えておいてください。

インターネットの利用形態

インターネットの利用形態として次の4つを覚えておきましょう。

イントラネット	IPをはじめとするTCP/IPプロトコル群で作った企業内ネットワークのこと。インターネットとの接続性とIP機器の安さから，一般に利用されるようになっている
インターネットVPN	セキュリティ強化のため，インターネット上に仮想専用線（VPN）を構築して，安価に安全な通信をできるようにしたもの。仮想専用線は暗号化と認証の技術を使うことで，オープンネットワークで専用線に近い安全性の実装が可能になった
エクストラネット	異なる企業（イントラネット）同士をインターネットで接続したもの
クラウド	CPUやストレージをインターネット上のデータセンタに配置し，それをサービスとして利用する形態。インターネットに接続できる環境さえあればどこでも使える，データセンタ上に資源があるので低機能の端末（スマホなど）でも高度なアプリが使えるといった利点がある

合格のツボ

試験に出そうなクラウドのポイント

① 規模の経済が働くので一般的に低コスト

② データセンタ内で冗長化されているため可用性が高い

③ サービス利用の迅速な拡大や縮小（スケーラビリティ：借りるサーバの数を一時的に増やすなど）

インターネットの技術

02 IPの基礎知識

出題ナビ

IPは最重要項目です。ここで述べる通信の特徴はあまりに基本的で，直接的な出題対象になることは少なくなっていますが，知らないとより高度な設問に答えるときにハンデになります。丸暗記する必要はありませんが，全体の流れを追ってください。

TCP/IPプロトコルスイート

IPはネットワーク層の機能を実現するためのプロトコルです。IPは1規格＝1機能の設計思想をもとに作られているので，何らかのサービスを構築するには他のプロトコルと組み合わせる必要があります。IPを中心とした，IPと相性のいいプロトコルの一群を**TCP/IPプロトコルスイート**と呼びます。

重要

OSI基本参照モデル	TCP/IPのモデル	実装例
アプリケーション層	アプリケーション層	HTTP SMTP DNS DHCP FTP SNMP POP Telnet
プレゼンテーション層		
セション層		
トランスポート層	トランスポート層	TCP UDP
ネットワーク層	インターネット層	IP ICMP ARP RARP
データリンク層	ネットワークインタフェース層	Ethernet
物理層		

▲OSI基本参照モデルとTCP/IPプロトコルスイートの対応

OSI基本参照モデルときちんと対応していないですが，これで大丈夫なんでしょうか？

理想と現実は違いますね。7層では細分化しすぎで使いにくいということでしょう。

OSI基本参照モデルがダメという意味ではありません。あれはあれで，ネットワークを美しく表現しています。

合格のツボ

TCP/IPプロトコルスイートでは,
① 上位のプロトコルが下位のプロトコルを利用する
② 通信特性に応じてプロトコルを使い分ける(コネクション/コネクションレスなど)
③ 上位プロトコルのパケットが下位プロトコルのペイロードにすっぽりおさまる

IPの3つの特徴

● パケット通信

IPは,パケットを作って,データの送受信を行います。パケットとは小包の意味で,まさに小包のように送りたいデータ(ペイロード)を梱包して,そこにヘッダ(荷札)をつけて発送します。

回線交換では1つの通信が回線を独占するため,回線数を超えての同時通信はできません。しかし,通信内容をパケットで小分けにして少しずつ送り出せば,多くのPCが並行して通信ができます。これが,パケット通信が行われる最大の理由です。

パケット交換ではパケットの中継所であるルータがプロトコルや通信速度の変換を行えるため,異機種間通信が容易です。

注意

パケットは最大サイズ(**MTU**)が決められており,それを超えるデータを送信する場合はデータを分割(フラグメント)し,複数のパケットを作って送信します。MTUのサイズはプロトコルごとに決まっていて,IPのMTUは64kバイト,イーサネットでは1500バイトです。そのため,パケットが伝送される途中で,さらにパケットを分割する必要が出てくることがあります。

合格のツボ

パケット通信では
- 回線数を超えて多くのPCが並行して通信できる
- 分割したデータごとにヘッダ情報をつけるため,割り方によっては伝送効率が悪くなる
- 分割したパケットは各々が独立しているので,到着順序がバラバラになったり,届かないパケットが現れたりする

● コネクションレス型通信

IPは，**コネクションレス型**の通信を行うプロトコルです。パケットが相手に届くよう努力はしますが（**ベストエフォート**），到達は保証しません。

通信の到達確認や通信帯域の保証が必要な場合は，ICMPやTCPなどの別のプロトコルを組み合わせます。コネクションレス型であるため，相手が存在しない状況でもパケットを送信することができます。

● ベストエフォート

パケットを相手に届けるために最大限の努力をするが，仮に容量を超えるなどの不具合が起こってパケットが捨てられたとしても，特に再送や通知はしないことです。実際に，ルータや受信側PCはパケットを受け取るためのバッファを超えると破棄することがあります。

え，到達確認しないんですか!? 届いたかどうかは通信の基本でしょ？

そうですが，代償として時間がかかり，手順も複雑になります。オプション扱いになっていれば，使う際の柔軟性が増します。郵便も到達確認をしたいときだけオプション料金を払って書留にしますよね。

合格のツボ

- IPはベストエフォート型だから信用できない？
  →他のプロトコルと組み合わせて信頼性を確保する
- コネクションレス型は，コネクション型の劣化版？
  →通信速度が速い，同報通信が可能などの利点がある

こんな問題が出る！

図のイーサネットパケットのMTU（Maximum Transmission Unit）は，どの部分の最大長のことか。

プリアンブル	MACヘッダ	IPヘッダ	TCPヘッダ	データ	FCS

ア　IPヘッダ＋TCPヘッダ＋データ
イ　MACヘッダ＋IPヘッダ＋TCPヘッダ＋データ
ウ　MACヘッダ＋IPヘッダ＋TCPヘッダ＋データ＋FCS
エ　プリアンブル＋MACヘッダ＋IPヘッダ＋TCPヘッダ＋データ＋FCS

解説　MTUはそのプロトコルで運べる最大データサイズのことです。ここではイーサネットが主題になっていますから，イーサネット自身のデータであるプリアンブル，MACヘッダ，FCSを除いたものが対象になります。

解答：ア

IPヘッダ

IPパケットはヘッダとペイロードで作られています。ヘッダは送受信に使う情報，ペイロードは実際に伝送したいデータです。

IPはトランスポート層のプロトコルからデータを受け取ると，それをペイロードに格納し，ヘッダを付けてデータリンク層のプロトコルに渡します。

▼IPヘッダの構成要素

構成名	説明	割当てビット数
バージョン	IPのバージョン番号	4ビット
ヘッダ長	IPヘッダの長さ（4オクテット単位）	4ビット
優先順位	通信における優先順位（ほとんど使用されていない）	8ビット
パケット長	パケット全体の長さ（オクテット単位）	16ビット
識別番号	フラグメントされたパケットの識別	16ビット
フラグ	分割の可否などの情報	3ビット
フラグメントオフセット	フラグメント分割前の場所情報（8オクテット単位）	13ビット
TTL	パケットの生存時間	8ビット
プロトコル番号	上位層のプロトコルが何か識別	8ビット
ヘッダチェックサム	伝送エラーの検出	16ビット
送信元IPアドレス	送信元ノードのIPアドレス	32ビット
送信先IPアドレス	送信先ノードのIPアドレス	32ビット
オプション	付加情報（32ビットの整数倍の長さにならないときは、0データをパディング）	32ビットの整数倍

コツ

ヘッダの構成要素が並べられ，どれがIPヘッダにあるかを問う出題例があります。送信先IPアドレスはIPヘッダ，送信先ポート番号はTCPかUDPヘッダと普段から整理しておきましょう。IPヘッダの特徴的な構成要素は**TTL**で，パケットがネットワーク上でループしたときに，パケットを消滅させる役割を持っています。

午後問題はこう出る！

Z社は，東京，神奈川を主な商圏とする事務用品及びOAサプライ品の販売会社であり，東京の本社，配送所及び横浜の営業所の計三つの拠点をもつ。Z社のネットワークは，各拠点にあるレイヤ2スイッチ（以下，L2SWという）を使用して，広域イーサネットサービス網（以下，広域イーサ網という）に接続されている。社員は，各拠点にあるPCから本社にある販売管理サーバ（以下，HK-SVという）にアクセスしている。本社及び営業所にあるPCはノートPCであり，配送所にあるPCはデスクトップPCである。PCのIPアドレスは，固定で割り当てられている。

配送所では，可搬型端末（以下，HTという）を使って商品管理を行っている。HTに蓄積された商品情報は，無線LAN経由で本社にある商品管理サーバ(以下,SK-SVという)に転送される。データベースサーバ(以下，DB-SVという）には，商品情報などが格納されている。さらに，本社にある監視用PC（以下，MPCという）から，L2SWと無線LANアクセスポイント（以下，APという）の監視を行っている。また，Z社には，IP電話による社内電話システムが構築されている。Z社のネットワーク構成を，図1に示す。

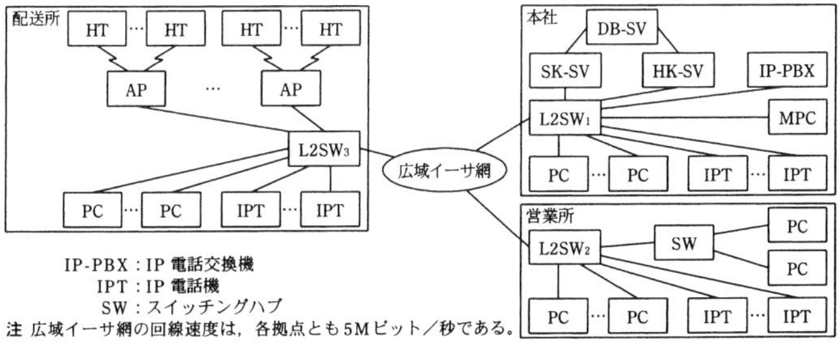

図1 Z社のネットワーク構成（抜粋）

Z社のネットワークでは，表に示すとおりVLANによって通信を目的別に分離し，L2SWでは，ポートごとに一つのVLANを割り当てて機器を接続している。ただし，広域イーサ網を経由する各L2SW間の接続と，$L2SW_3$とAP間の接続には，IEEE802.1Q規格のタグVLANを使用している。

表 VLANと接続機器又はポートの対応

VLAN ID	接続機器又はポート
VLAN 1	MPC，L2SW-MP，AP-MP
VLAN 10	HK-SV，PC，SW
VLAN 20	SK-SV，HT
VLAN 30	IP-PBX，IPT

注 L2SW-MPはL2SWの，AP-MPはAPの，論理的な監視用ポートである。

L2SW及びAPの仕様では，タグVLANを使用して中継するVLAN

の一つを特別なVLANとして扱い，タグを付加しないフレームを使用することになっている。工場出荷時のL2SWには，すべてのポートにVLAN1が割り当てられ，タグを付加しないフレームを使用する特別なVLANとしてもVLAN1が設定されている。また，L2SWでは，［　ア　］と呼ばれる制御フレームをやり取りして通信のループを回避するスパニングツリープロトコルを動作させていない。

…中略…

〔営業所での誤接続による障害〕

Z社の休業日に，配送所では，在庫の棚卸しを行っていた。棚卸しの最中に，突然，HTからSK-SVへアクセスができなくなった。U君に連絡しようとしたが，IPTも使用できなかったので携帯電話を使って連絡した。配送所に駆け付けたU君が，L2SW$_3$の前面パネルを観察したところ，広域イーサ網の接続ポートとAPの接続ポートだけに，フレーム転送を表すLEDの連続的な高速点滅が見られた。そこで，L2SW$_3$の未使用のポートを，広域イーサ網を接続しているポートの［　エ　］ポートとして設定して，トラフィックモニタを接続し，通信されているフレームを解析してみた。すると，大量に通信されているのは，タグが付加されていないフレームであること，フレームの内容はすべて同じIPパケットであり，IPヘッダの送信元IPアドレスは，営業所のPCのものであることが分かった。これらの点から，U君は，③通信のループによって繰り返し転送されたフレームが，広域イーサ網の回線を占有したことによる障害であると判断し，レイアウト変更工事に伴うLAN配線の敷設のし直しを行っている営業所で誤接続が起きたのではないかと推測した。

設問　本文中の下線③のフレームの種類を答えよ。また，当該フレームの転送回数が，IPヘッダのTTLフィールドの値によって制限されない理由を，30字以内で述べよ。

解説

ブロードキャストストームと呼ばれる現象が発生しています。ブロードキャスト通信（全員あての通信）によってブロードキャストフレーム（L2に着目しているので，ここではパケットと呼ばずフレームと呼んでいます）が送信されると，L2SWは受信したポートを除く全てのポートにこれを転送して，全員に届けようとします。しかし，ネットワークにループとなる経路があると，パケットがグルグル回ってしまい，どんどんパケットが増加していきます。これがブロードキャストストームです。

ループしたら，TTLによってパケットが消されるから，いずれ大丈夫になるのでは？　と考えた方はいい線いっています。しかし，TTLはIPすなわちL3の機能です。L2SWはIPやそこに含まれるTTLとは関係なく通信を行っているので，ストームの解決に役立ちません。

解答：フレームの種類：ブロードキャストフレーム
理由：L2SWはIPヘッダを参照せず，TTLの減算も発生しないから

インターネットの技術

03 IPアドレス

出題ナビ

サブネットマスクは，とにかく読めるようになっておく必要があります。まずは，サブネット分割やネットワーク統合，プレフィックス形式での指定の出題に対応できることを目指してください。直接の出題対象ではありませんが，予約アドレスも覚えておくと午後問題の手がかりになります。

IPアドレス

IPネットワークで使われるアドレスで，ルーティングをしたり，ノードを特定するために使われます。IPv4では**32桁**の**2進数**がIPアドレスとして使われます。したがって，2^{32}＝約43億台のノードにIPアドレスを付与することができます。IPアドレスはそのままだと非常に見にくいので，人が読む場合には10進数で表記します。

2進数表記	11000000	10101000	00000000	00000001
10進数表記	192 .	168 .	0 .	1

32桁の2進数を8桁ごとに4つのブロックに区切り，ブロックごとに10進数に変換します。

ネットワークアドレスとホストアドレス

重要

IPはネットワーク層で使うプロトコルで，広域通信を想定したものです。そのため，IPアドレスは**ネットワークアドレス**と**ホストアドレス**に分かれています。また，通信のアドレスとして重要な**一意性**（他に同じアドレスがない）も確保されています。

ネットワークアドレス……ネットワークそのものに付与される番号。同じネットワークに所属しているノードのネットワークアドレスは必ず同一になる

ホストアドレス……ネットワーク内でノードを識別するための番号

なんで広域通信だと，アドレスを分けるんですか？

電話番号でも，市外局番，市内局番，加入者番号と分けますよね。最初の数桁を見るだけで地域を判別でき，接続する際とても便利です。IPでも，ルータはネットワークアドレスだけを見て，ルーティングをしています。

覚えにくいを覚えやすく

ネットワークアドレスとホストアドレス，どっちがどっち？

●**電話番号といっしょ！ 左側から読んでいく**

→左側が大域（大きなくくり：ネットワークアドレス）

→右側が小域（小さなくくり：ホストアドレス）

左側がネットワークアドレス	右側がホストアドレス

IPアドレスのクラス

クラスとは，IPアドレスのどこまでがネットワークアドレスで，どこからがホストアドレスかを示すものです。電話番号では，03-1234-5678ような書き方で市外局番，市内局番，加入者番号を判別しますが，クラスでは最初の1～4ビットの数字の並びで判別します。現在では，**サブネットマスク**を使う方法に移行しました。

注意

クラスA	ネットワークアドレス8ビット， ホストアドレス24ビット で，16777216個のホストアドレスを用意できる。ネットワークアドレスの先頭ビットが0
クラスB	ネットワークアドレス16ビット， ホストアドレス16ビット で，65534個のホストアドレスを用意できる。ネットワークアドレスの先頭ビットが10
クラスC	ネットワークアドレス24ビット，ホストアドレス8ビットで，254個のホストアドレスを用意できる。ネットワークアドレスの先頭ビットが110
クラスD	IPマルチキャストで使うアドレス。先頭4ビットが1110

なんで使われなくなったんですか？

区切り方があまりにもざっくりしているので，無駄になるアドレスが多かったのです。電話でも，人口密集地では市外局番が短くなるなど，番号を無駄にしない工夫がありますよね。

合格のツボ

IPアドレスは

- インターネットで使われる唯一無二の正式なアドレス
  →www.gihyo.co.jp などは人間に配慮した別名で，実はIPアドレスに直してから通信が始まる
- 電話番号のように，エリアを表す番号（ネットワークアドレス）と，コンピュータを表す番号（ホストアドレス）に分けられている

こんな問題が出る！

IPv4のマルチキャストに関する記述のうち，適切なものはどれか。

ア　全てのマルチキャストアドレスは，アドレスごとにあらかじめ用途が固定的に決められている。
イ　マルチキャストアドレスには，クラスDのアドレスが使用される。
ウ　マルチキャストパケットは，TTL値に関係なくIPマルチキャスト対応ルータによって中継される。
エ　マルチキャストパケットは，ネットワーク上の全てのホストによって受信され，IPよりも上位の層で，必要なデータか否かが判断される。

解説　マルチキャスト用にクラスDアドレスが定義されています。一部に用途が指定されている予約アドレスがありますが，基本的には使い方は任意です。TTLなどの考え方も，通常のユニキャストとかわりありません。エはブロードキャストについての説明です。

解答：イ

サブネットマスク

重要

サブネットマスクは，IPアドレスのどの位置でも，ネットワークアドレスとホストアドレスを区切れるようにした技術です。方法はとても簡単で，IPアドレスと同じ32ビットの2進数で，ネットワークアドレス部に1，ホストアドレス部に0を立てて，IPアドレスとセットで使います。

2進数表記	11111111		11111111		11110000		00000000
10進数表記	255	.	255	.	240	.	0

例えば上記のサブネットマスクは，ペアとなるIPアドレスの上位20ビットがネットワークアドレス，下位12ビットがホストアドレスであることを示します。どこでも区切っていいので，**クラスレスサブネットマスク**ともいいます。

合格のツボ

サブネットマスクは，
- ネットワークアドレスとホストアドレスの区切り目を表す
- プレフィックス長を使った192.168.0.1/24の書き方にも慣れておくこと

出題実績から覚える！

よく出るサブネットマスク

- ネットワークアドレス部の長さを，IPアドレスの後ろに表記する方法もある
- 192.168.0.1/16は，ネットワークアドレスが16ビット，すなわち192.168であることを示す
- ここで示すネットワークアドレス部の長さのことを，プレフィックス長という

3種類のIP通信

コツ

私たちが一般的に行っているのは**ユニキャスト**です。**ブロードキャスト**は便利ですが通信帯域を圧迫するので，基本的に嫌われていることは心得ておきましょう。「最小限の使用にとどめたい」という意識で問題に臨めば誤解が生じません。**マルチキャスト**は複数の端末にパケットを送信する場合，同じ経路を通る箇所ではパケットを1つにまとめます。動画配信のような大きなデータでも通信帯域の圧迫を小さくできます。

ユニキャスト	通常行われる1対1の通信
ブロードキャスト	同一ネットワーク内のすべてのノードに対して行う通信。ネットワークアドレスを指定して送信するので，個々のノードのIPアドレスを知らなくても送信できる。通信帯域を圧迫する
マルチキャスト	グループに所属しているノードにあてた通信。IGMPというプロトコルを使用する。ルータがパケットを複製するので，伝送路を流れるパケットを1つにできるメリットがある

特別なIPアドレス

● ネットワーク全体を指すアドレス

重要

ホストアドレスがすべて0のアドレスは，特定のノードではなく，ネットワーク全体を指すアドレスとして使われます。

例えば，192.168.1.0/24は，192.168.1ネットワークを指すアドレスとなります。

● ブロードキャストアドレス

重要

ホストアドレスがすべて1のアドレスは，そのネットワークに対する**ブロードキャスト**を行うために使われます。192.168.1.255/24は，192.168.1ネットワークにブロードキャストを行います。192.168.1ネットワークに所属するすべてのノードが，これを受信します。

注意

ブロードキャストには，自分が所属するネットワークに対して行う**ローカルブロードキャスト**と，他のネットワークに対して行う**ダイレクトブロードキャスト**の2種類があります。ダイレクトブロードキャストはセキュリティの問題があるので，基本的には禁止すべきと覚えてください。

●ループバックアドレス

重要

ループバックアドレスは，自分自身を表すアドレスで，127.0.0.1～127.255.255.254の範囲で示します。自分のノードに割り当てられたIPアドレスが不明でも，ループバックテスト（自分自身に対してpingを送信し，通信機器の正常稼働を確認する）が行えます。

合格のツボ

- 午後問題でブロードキャストが出てきたら，「抑制できないかなあ」という視点で見る
- ループバックアドレスは盲点になることも。127.0.0.1を普段から使っておきたい

午後問題はこう出る！

…中略…

ループバックアドレスの利用は，社内で使用中のプライベートアドレスを利用するよりも利点があり，127.0.0.1～［　イ　］の範囲内で利用可能である。

問　本文中の［　イ　］に入れる適切な字句を答えよ。

解説　IPアドレスの先頭8オクテットが127であるアドレスがループバックアドレス（自分自身を表すアドレス）です。ここでも，ネットワークアドレスとホストアドレスは抜くので，127.0.0.1～127.255.255.254が実際に使える範囲です。一般的には127.0.0.1を使用します。

解答：127.255.255.254

インターネットの技術

04 IPアドレスの枯渇対策

出題ナビ

何かの変換や書き換えを伴う処理はややこしく，問題を作りやすいのでよく出題されます。プライベートアドレスとグローバルアドレスの変換もその例に漏れません。どこで，何と変換されるのかについて，問題文の記述を読み逃さないようにしてください。

IPv4アドレスの枯渇

IPv4アドレスで使えるアドレスは約43億個でしたが，インターネットの普及によりこれではアドレスが足りなくなっています。

電話番号で同じ状況に陥った際には，番号を長くすることで対応しました。インターネットは1社がコントロールしているものではないので，やみくもにIPアドレスで同じことをしようとすると，つながらない地域や組織が現れてしまします。

長くすればいいってものじゃないんですね。ではどうすればいいのかな？

本試験対策としては，次の合格のツボを覚えてください。

合格のツボ

- **応急的な解決策→アドレスの重複を許す：プライベートアドレスの利用**
- **抜本的な解決策→アドレスを長くして増やす：IPv6への移行**

プライベートアドレス

IPに限らず，通信で使うアドレスは一意性を守るのがとても重要です。しかし，**プライベートアドレス**は，一定の条件下でアドレスの重複を許すことで，使えるアドレスを増やす技術です。

プライベートアドレスを使ってもよい条件
① 同一ネットワーク内ではアドレスが重複しない
② プライベートアドレスを使った通信は，インターネットには送信しない

重複してもいいんですっ！

要は，通信範囲のなかで，重複アドレスがなければ大丈夫です。

でも，インターネットにつながらないと困りませんか？

そこで使われるのがNATです。

● NAT

NATは，プライベートアドレスを，インターネット上で使える正式なIPアドレスであるグローバルアドレスに変換する技術で，ルータなどに実装されます。

NAT機器にグローバルアドレスをストックし，プライベートアドレスを持ったノードからのパケットの送信元アドレスをプライベートアドレスからグローバルアドレスに書き換えます。このとき，書き換えたアドレスの対応表も作り，返信パケットが戻ってきた際に対応表に従って送信先アドレスを書き換え，LAN内に中継するしくみです。

● IPマスカレード

NATを発展させた技術です。本試験で問われるのは，こちらの方になるでしょう。**NAPT**，**NAT+**とも書かれることがあります。

NATではノード台数分のグローバルアドレスが必要で，状況によってはあまりアドレスの節約にならない可能性があります。IPマスカレードはこの点を改善した技術で，アドレス変換に**ポート番号**を組み合わせて，例えばグローバルアドレスが1つしかなくても，複数の通信を並行して行えるようにしています。

重要

送信元アドレスを書き換えるNATを**ソースNAT**，あて先アドレスを書き換えるNATを**デスティネーションNAT**といいます。

合格のツボ

- ●NAT→古い，もうあまり見かけない！
- ・利点：シンプル，通信機器への負荷が少ない
- ・欠点：接続要求が多いとグローバルアドレスが数多く必要になる
- ●IPマスカレード→アドレスを大幅に節約。今はこちら！
- ・利点：少ないグローバルアドレスで，複数台の通信をまかなえる
- ・欠点：通信機器への負荷がやや大きい
- ・注意：NAPTと書かれることも。普及が進んだ結果，「IPマスカレード」を単にNATと呼ぶこともアリ！

外部の人は変換ルールを知らないから，インターネット側から，LAN内へ送信できないのでは？

それがセキュリティ上好ましいと言われています。サーバ類などで必要な場合は，固定したプライベートアドレスに変換されるよう設定します。

CIDR（経路集約）

重要

CIDRはネットワークを束ねて1つの大きなネットワーク（**スーパーネット**）を作る技術です。**経路集約**，**スーパーネッティング**，**ルートアグリゲーション**とも呼びます。小さなネットワークがたくさんあると，ルータは多数の経路情報を持たなければなりません。地理的に隣接したネットワークを一つの大きなネットワークにまとめることで，経路情報を減らすことができます。

経路集約では，集約したいネットワークの，ネットワークアドレスのビット列が同一になる箇所でサブネットを区切ります。

重要

逆にネットワークを分割することは，**サブネッティング**と呼びます。

こんな問題が出る！

IPv4アドレスが192.168.10.0/21～192.168.58.0/24のネットワークを対象に経路を集約するとき，集約した経路のネットワークアドレスのビット数が最も多くなるものはどれか。

ア　192.168.0.0/16
イ　192.168.0.0/17
ウ　192.168.0.0/18
エ　192.168.0.0/19

解説

経路集約の問題が出たときは，IPアドレスを2進数化してみましょう。

```
192.168.10.0   |11000000 10101000 00|001010 00000000
192.168.58.0   |11000000 10101000 00|111010 00000000
                                ↑
                         ここまでがいっしょ
```

こうすると18ビット目まで共通していることが分かります。経路集約するためには両ネットワークアドレスのビット列が同一になる箇所でサブネットを区切ればいいので，18ビット目までは集約できることが分かります。よって，プレフィックス長を18ビットとしているウが正答です。

解答：ウ

午後問題はこう出る！

H社では，社員の業務スキル向上のために，PCのブラウザから利用できるeラーニングシステム（以下，eシステムという）を導入して，一部の部署で活用してきた。その結果，eシステムの活用効果を確認できたので，研修コースを拡充して全社に展開することにした。各コースのコンテンツは，文字，図表，音声及び動画を使って作成されている。eシステムは，全社員が利用することになるので，eシステムのサーバ（以下，eSVRという）を複数台の構成にして，負荷分散装置（以下，LBという）で処理を振り分けることにした。H社のネットワーク構成を，図に示す。本社と営業所のネットワークのIPアドレスは，サブネットを設定せず，それぞれクラスAとクラスBが用いられている。

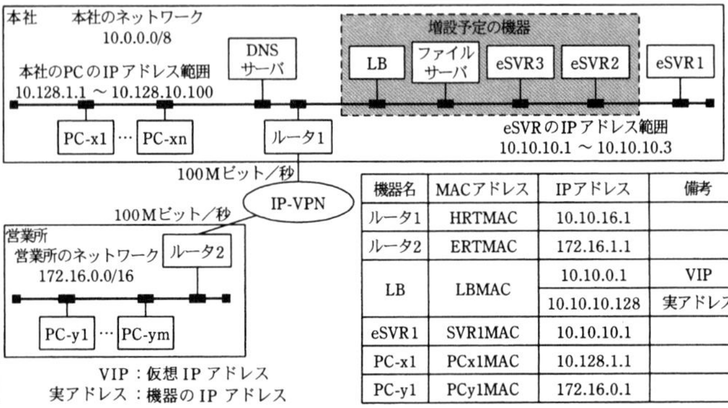

機器名	MACアドレス	IPアドレス	備考
ルータ1	HRTMAC	10.10.16.1	
ルータ2	ERTMAC	172.16.1.1	
LB	LBMAC	10.10.0.1	VIP
		10.10.10.128	実アドレス
eSVR1	SVR1MAC	10.10.10.1	
PC-x1	PCx1MAC	10.128.1.1	
PC-y1	PCy1MAC	172.16.0.1	

図　H社のネットワーク構成（抜粋）

〔増強するeシステムの構成〕

eシステムの増強は，情報システム部のP君が担当することになった。P君は，eシステムの利用者数と，ベンダから入手したパフォーマンスに関する仕様を基に，eSVRとLBの機種を選定した。また，コンテンツと管理情報の一元管理のために，ファイルサーバも併せて導入することにした。

選定したLBは，(ｉ)処理の振分け機能，(ⅱ)セッション維持機能，(ⅲ)ヘルスチェック機能を持っている。(ｉ)には，様々な方式がある。本システムの応答時間は，eSVRの負荷の増加とともに長くなると考えられたので，応答時間が最短のeSVRに処理を振り分ける方式を採用することにした。(ⅱ)には，リクエスト元のIPアドレスに基づいて行うレイヤ3方式や，Webページにアクセスしたユーザに関する情報を保持するCookieに埋め込まれた，セッションIDに基づいて行うレイヤ7方式などがある。eシステムを利用するPCには，IPアドレスが固定設定されているので，レイヤ3方式を利用することにした。(ⅲ)には，レイヤ3，レイヤ4及びレイヤ7の各レイヤで稼働状況を監視する方式がある。eシステムのサービスポートの稼働状況を監視するために，レイヤ4方式を利用することにした。

LBの故障時に，ネットワーク構成を変更しなくてもeシステムの運用が継続できるように，LBとeSVRは，図の構成で設置することにした。PCからのeシステム利用には，社内のPCを三つのブロックに分け，各ブロックのPCごとに,異なったeSVRのホスト名を指定させる。DNSで，三つのホスト名に一つのVIPを対応付けることによって，LB経由でeSVRに接続できる。このように,eSVRのホスト名を使い分けることで，LBの故障時にも①DNSの設定変更によって，3台のeSVRに処理を振り分けることができる。選定したLBには，PCからVIPあてに送信されたパケットの，送信元IPアドレスをLBの実アドレスに変換してeSVRに転送する，ソースNAT機能がある。ソースNAT機能を利用すると，既設eSVRのネットワーク情報の設定変更が不要になる。しかし，②管理上必要な情報が，eSVRのログから取得できなくなってしまう問題があるので，ソースNAT機能は利用しないことにした。

…中略…

設問　本文中の下線②の取得できなくなる情報を，20字以内で述べよ。

解説　問題文にあるように，ここでNATを行っている機器はロードバランサ（LB）です。したがって，パケットはLBを経由する時点で送信元IPアドレスがクライアントの各PCから，ロードバランサに書き換えられます。すると，eSVRのログには，ロードバランサの実IPアドレスが記録されることになり，どのPCがアクセスしたかを特定することができなくなってしまいます。

解答：eシステムを利用したPCのIPアドレス

05 IPv6

出題ナビ

出題の焦点となるのが，IPv6の多様なアドレス構成を理解しているかどうかです。エニーキャストアドレス，リンクローカルユニキャストアドレスなど，IPv4にない種類のアドレスに注意して記憶を整理しましょう。先頭部分を見て，どの種別のアドレスか問う問題も頻出です。

IPv6

現状で最も使われているIPv4の次世代に位置するIPの規格です。IPv6ではセキュリティやルーティングなど多くの機能が強化されていますが，一番目立つのはアドレス空間の拡張です。IPv4で32ビットだったアドレスが**128ビット**に拡張されています。これで使えるアドレスは，2^{128}（43億の4乗）と天文学的な数値になります。

重要

16ビットごとに16進数で表記

```
FFFF:FFFF:0000:0000:0000:0000:0000:FFFF
        ↓0を短縮
FFFF:FFFF:0:0:0:0:0:FFFF
        ↓連続する0の省略（1箇所のみ可）
FFFF:FFFF::FFFF
```

合格のツボ

IPv6の表記は
- 16ビットごとに16進数に変換し，間を：で区切る
- 0は短縮してもよい
- 連続する0は1箇所だけ，まるまる省略できる

IPv6ヘッダ

IPv6のヘッダは，IPv4と比べて簡素化されています。

▼IPv6ヘッダの構成

構成名	内容
バージョン	IPのバージョン番号
クラス	通信における優先順位
フローラベル	品質制御（使用しない場合は0でパディング）
ペイロード長	ヘッダを含まないデータ部の長さ（IPv6のMTUは4Gオクテット）
次ヘッダ番号	上位層のプロトコルが何か識別
中継限界数	パケットの生存時間

得点源とできるIPv6ヘッダの特徴は，次の4つです。

① 固定長（40バイト）である
② それゆえにルータの負荷が小さい
③ 減った項目を補う拡張ヘッダがあるので機能は問題ない
④ ルータは拡張ヘッダを参照しないので，余計な負荷がかからない

ヘッダの情報は減らしても大丈夫なんですか？

少ない方が通信機器の負荷が減って，スループットが向上します。チェックサムは他のプロトコルでも取っていますし，通信品質が上がっているのでIPv6では外されています。

06 IPv6の種類

出題ナビ

IPv6ではアドレスの考え方が大きく拡張されています。まずは，ユニキャストアドレス，エニーキャストアドレス，マルチキャストアドレスを覚えましょう。ネットワークに負荷をかけるとして管理者に不人気だったブロードキャストアドレスはなくなりました。

ユニキャストアドレス

特定の1つのノードに対して通信を行うためのアドレスです。基本的な構造としては以下の通りです。

どの種類のアドレスか見分けるための識別子
＋サブネット識別子（IPv4のネットワークアドレスに相当）
＋インタフェース識別子（IPv4のホストアドレスに相当）

IPv6はIPアドレスの中に最初からMACアドレスを埋め込んで，運用性を高めています。インタフェース識別子に埋め込まれるMACアドレスは多くの場合64ビットであるため，48ビットのMACアドレスとズレが生じます。そこで，MACアドレスを分解し，ベンダ識別子（24ビット）＋**11111111 11111100**＋ベンダ内識別子（24ビット）として，64ビットの**インタフェース識別子**を作ります。

ユニキャストアドレスで重要なのは次の3つです。

● グローバルユニキャストアドレス

重要

IPv4でのグローバルアドレスにあたり，基本的にはこのアドレスを使用します。ホスト部にMACアドレスをもとにした番号を使う場合，外部に対して隠蔽したい場合は乱数で作った一時アドレスを使用します。IPv6では原則としてNATを使いません。

グローバルルーティングプレフィックス	サブネット識別子	インタフェース識別子
nビット	mビット	128−n−mビット

● リンクローカルユニキャストアドレス

重要

同一リンク（サブネット）内で使用するためのアドレスです。設定なしで通信を始められる利点がありますが，ルータを超えた通信をすることはできません。アドレスの先頭部分がFE80で始まります。

1111 1110 10	0……0	インタフェース識別子
10ビット	54ビット	64ビット

● ユニークローカルユニキャストアドレス

重要

IPv4で使われたプライベートアドレスのように，組織内で自由にサブネット識別子などを運用することができます。グローバル識別子は重複しないよう配慮された乱数になるため，ネットワークを統合するなどの作業時にアドレスの振り直しが発生しません。アドレスの先頭部分がFC00もしくはFD00で始まります。

1111 1101	グローバル識別子	サブネット識別子	インタフェース識別子
8ビット	40ビット（乱数で生成）	16ビット	64ビット

その他のユニキャストアドレス

●無指定アドレス

0:0:0:0:0:0:0:0で表すアドレスで，IPアドレスを持たないノードがこれからDHCPでIPアドレスを要求する場合に使います。

●ループバックアドレス

IPv4のループバックアドレスと同じです。0:0:0:0:0:0:0:1（::1）で表します。

●IPv4アドレスの埋め込み

末尾の32ビットにIPv4アドレスを埋め込みます。IPv6とIPv4の混在環境で使います。

合格のツボ

ユニキャストアドレスで覚えておきたいのは次の3つ
- グローバルユニキャストアドレス
  IPv4のグローバルアドレスに当たる。基本
- リンクローカルユニキャストアドレス
  サブネット内専用。ルータを超えられない
- ユニークローカルユニキャストアドレス
  IPv4のプライベートアドレスに相当

エニーキャストアドレス

重要

2つ以上のノードに割り当てて，グループのように使います。エニーキャストアドレスをあて先にしてパケットを送信すると，もっとも近い1台にだけ転送されます。アドレスの構造はユニキャストアドレスと同じです。

マルチキャストアドレス

重要

IPv4のマルチキャストアドレスと同じく，ノードをグループ化するのに使います。ルータがパケットをコピーするので，複数のノードにパケットを送信する場合でも，伝送路上を流れるパケットを1つにできます。マルチキャストアドレスは先頭がFF00で始まります。

1111 1111	フラグ	スコープ	グループ識別子
8ビット	4ビット	4ビット	112ビット

フラグで，アドレスが恒常的なもの（0000）か一時的なものか（0001）を判別します。スコープはマルチキャストの範囲を示すもので，ノードローカル，リンクローカル，サイトローカル，組織ローカル，グローバルなどの区分けがあります。

プレフィックス

ネットワークアドレス部（IPv6ではグローバルルーティングプレ

フィックスという。ホストアドレスはインタフェースID）の長さを示す数値です。IPv4でもサブネットマスクのかわりにプレフィックスを使ってネットワークアドレス部の長さを示すことができましたが，IPv6ではこれが標準になっています。

こんな問題が出る！

IPv6グローバルユニキャストアドレスはどれか。

ア ::1　　イ 2001:dc3::35
ウ fd00::12:fff:fea9:18　　エ fe80::f:acff:fea9:18

解説

ア　IPv6で::1となるアドレスは，ループバックアドレスしかありません。
ウ　先頭のFD00に着目します。ユニークローカルユニキャストアドレスです。
エ　先頭のFE80に着目します。リンクローカルユニキャストアドレスです。
　消去法的に，イがグローバルユニキャストアドレスであると定まります。

解答：イ

覚えにくいを覚えやすく

	IPv4	IPv6
アドレス長	32ビット	128ビット
アドレスの表し方	4つの10進数（.でつなぐ）	4桁の16進数×8（:でつなぐ）
ループバックアドレス	127.0.0.1～127.0.0.254	::1/128
マルチキャストアドレス	224.0.0.0～239.255.255.255	ff00::/8

インターネットの技術

07 データリンク層との接続

出題ナビ

データリンク層とネットワーク層でパケットが受け渡される瞬間は，アドレスの探索や書き換えなど，多くの処理が行われるため，ネットワークをよく理解しているか試すための出題ポイントがたくさんあります。MACアドレスとARPを中心に学習しましょう。

MACアドレス

コツ

MACアドレスとは，イーサネットやFDDIで使われる，データリンク層の**物理アドレス**です。ネットワーク層の伝送にはIPアドレスが，データリンク層の伝送にはMACアドレスが使われるので注意が必要です。両者を関連づけるARPも出題対象です。

● MACアドレスの構成

重要

MACアドレスは48桁の2進数で作られます。前半部分と後半部分に大別され，前半は**ベンダID**（NICを作ったメーカの番号），後半は**固有製造番号**（ベンダ内ID）として使われます。固有製造番号の採番は各ベンダに任されていますが，機種番号＋個体番号が一般的です。ベンダIDはIEEEが重複などを管理しているため，**OUI**（Organizationally Unique Identifier）と呼ばれます。

		ベンダ ID(OUI)	固有製造番号
1	1	22	24ビット

※1ビット目はユニキャストアドレスとマルチキャストアドレスの判別，2ビット目はユニバーサルアドレスとローカルアドレスの判別に使用する

合格のツボ

MACアドレスは
- NIC（ネットワークインタフェースカード：物理的な通信カード）に対して1つ割り当てられるアドレス。物理アドレスとも呼ばれる
- NICが2枚挿してあるパソコンは，2つのMACアドレスを持つことになる
- IEEEが管理しているため基本的には重複しない。変更可能な製品もあるため，重複の可能性は存在する

ARP

ネットワークをまたがった通信には，IPアドレスとMACアドレスの両方が必要で，かつ両者が関連付けられる必要があります。IPアドレスからMACアドレスを知るために使われるプロトコルが**ARP**です。

アプリケーションソフト等が通信のあて先をIPアドレスで示した場合，実際に通信を行うためにはMACアドレスが必要です。そこで，送信の主体となるPCやルータは，ARPを使ってIPアドレスからMACアドレスを知ります（名前解決）。一度調べた対応関係は，**ARPテーブル**と呼ばれるデータベースに格納され，二回目以降はここを参照して通信を行います。ただし，IPアドレスとMACアドレスの対応は変更されることがあるので，ARPテーブルの情報には有効期限が設定され，それを過ぎたらまたARPをやり直します。

ちなみに，ARP要求を行ったノードは，ARP応答で得られたMACアドレスを一定時間キャッシュして（**ARPキャッシュ**），次のARP要求をしないで済ませられるようにしています。

ARPテーブルには，次のように格納されます。

▼ARPテーブルの例

IPアドレス	MACアドレス
192.168.0.1	XX-XX-XX-XX-XX-XX
192.168.0.2	YY-YY-YY-YY-YY-YY
⋮	⋮

3ステップで覚える！

ARPの手順

①ARP要求がブロードキャストされる

②該当するIPアドレスを持つノードが，自分のMACアドレスをARP応答する

③そのIPアドレスがネットワーク内にない場合は，ルータが中継する必要があるので，ルータが自分のLAN側MACアドレスをARP応答する

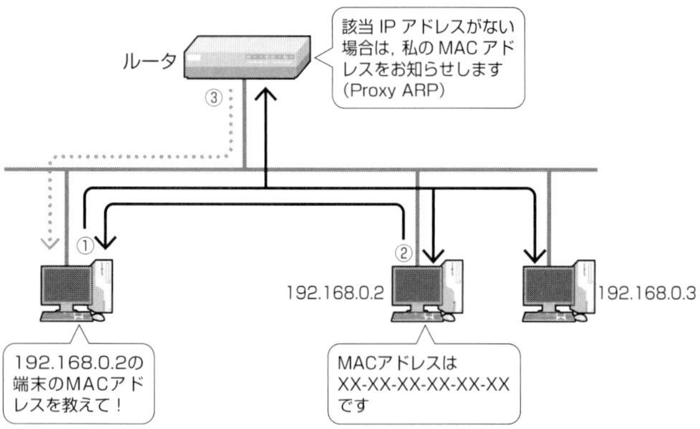

Gratuitous ARP

ホストのIPアドレスに対するARPです。重複アドレスの発見や自身のIPアドレスの通知に使います。

RARP

重要

リバースARPのことで，ARPとは逆に，MACアドレスからIPアドレスを得るしくみです。IPアドレスを持たないノードがネットワークに参加するときに，自分のMACアドレスを告げ，対応するIPアドレスを教えてもらう用途などに使います。応答するのはRARPサーバですが，

注意　現在ではDHCPが普及しているのであまり使われていません。

Proxy ARP

代理ARPとも呼ばれます。何らかの理由でARP応答ができない場合（デフォルトゲートウェイの設定がなく，あて先ノードが同一ネットワーク内に存在しないなど。別ネットワークがあて先ならば，通常はルータのMACアドレスをARP要求する）に，ルータなどが本来ARP応答を返す機器に代わってARP応答をするしくみです。

注意

覚えにくいを覚えやすく

ARPとRARP

RARPのRはReverseですから，**ARPが正方向のARP，RARPが逆方向のARP**です。

- ARP　　IPアドレス→MACアドレス
- RARP　MACアドレス→IPアドレス

ところで，ARPもRARPもTCP/IPプロトコルスイートに含まれる，つまりは**IPの仲間**です。ですから，ARPを扱うときはIPの視点で考えましょう。

IPの視点だと，「順調に通信を送ってきたけど，あるサブネットに突入したらMACアドレスが必要になったぞ，自分が関知しているIPアドレスではパケットを届けられない！」という事態に直面するわけです。

そのとき**必要なのは，IPアドレスからMACアドレスを得る**プロトコルなので，このニーズに応えるために作られたのがARPです。これが名前解決方向です。

一方，MACアドレスからIPアドレスを得るRARPはIP視点から見ると逆方向の名前解決に見えます。だからReverseとついていると考えてください。

こんな問題がでる！

電源オフ時にIPアドレスを保持することができない装置が，電源オン時に自装置のMACアドレスから自装置に割り当てられているIPアドレスを知るために用いるデータリンク層のプロトコルで，ブロードキャストを利用するものはどれか。

ア　ARP　　イ　DHCP　　ウ　DNS　　エ　RARP

解答：エ

ICMP

注意

ICMPは，通信状態の通知や検出の機能を持たないIPに代わってこれらの機能を提供するプロトコルです。本試験では，pingとペアで出題されます。

pingはネットワークの状態を知るためのコマンドで，目的ノードに対してエコー要求を行い，エコー応答を返してもらうことで通信の到達確認をします。本試験でもよく出題されるので，ご自分のPCで試してみるとよいでしょう。

ICMPでは次のようなメッセージが定められています。pingはEchoを送信するコマンドです。Echo Replyが返ってくれば問題がありませんし，それ以外の場合であれば返ってきたメッセージによってトラブルの状況がわかります。

Echo Reply	要求されたEchoへの応答
Destination Unreachable	宛先へ到達不能と通知
Source Quench	送信の抑制を要求
Redirect	経路の変更を要求
Echo	応答を要求
Time Exceeded	時間切れと通知

到達確認はTCPでやればいいのでは？

どの層で障害が発生しているのか知ることができます。pingがうまく通らなければ，ネットワーク層以下のところで障害が発生していることが分かるわけです。

ICMPはIPパケットのペイロードに埋め込まれて，送信されます。ICMPヘッダとICMPデータからなっていて，データ部には任意のデータを格納できます。

こんな問題が出る！

IPv4におけるICMPのメッセージに関する説明として，適切なものはどれか。

ア　送信元が設定したソースルーティングが失敗した場合は，Echo Replyを返す。
イ　転送されてきたデータグラムを受信したルータが，そのネットワークの最適なルータを送信元に通知して経路の変更を要請するには，Redirectを使用する。
ウ　フラグメントの再組立て中にタイムアウトが発生した場合は，データグラムを破棄してParameter Problemを返す。
エ　ルータでメッセージを転送する際に，受信側のバッファがあふれた場合はTime Exceededを送り，送信ホストに送信を抑制することを促す。

解説
ア　ルーティングが失敗したのであれば「到達不能」が返ってきます。
イ　正答です。
ウ　タイムアウトならば「時間切れ」が返ってきます。
エ　ここがちょっと難しいですが，バッファが溢れている＝通信量を抑制してほしい，なので抑制要求が返ってきます。

解答：イ

〜といえば〜，で覚える！

ICMPといえばping

ICMPで使うコマンドといえばping。ICMP，pingをセットで覚える

午後問題はこう出る！

Z社は，生活雑貨の企画，製造及び販売を行う企業である。本社は東京にあり，商品の製造と配送を行う商品本部が山梨にある。ネットワーク管理は，本社の情報管理課が行っている。Z社の現在のネットワーク構成を，図1に示す。

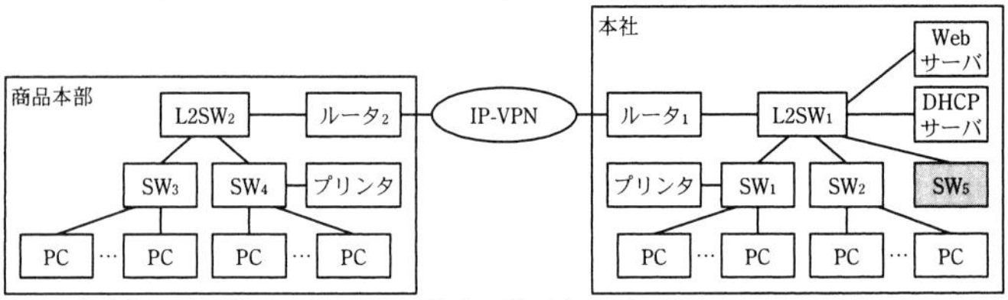

L2SW：レイヤ2スイッチ　　SW：アクセス用レイヤ2スイッチ

注記　SW_5は，増設予定のSWである。

図1　Z社の現在のネットワーク構成（抜粋）

…中略…

〔端末の管理強化策の立案と確認〕

U君がまとめた端末の管理強化策の案は，次のとおりである。

・L2SW及びSWがもつDHCPスヌーピング機能を使用する。この機能によって，L2SW及びSWは，正規のDHCPサーバと端末間で通信されるDHCPメッセージを，通過するポートの場所を含めて監視する。さらに，正規のDHCPサーバからIPアドレスを割り当てられた端末だけが通信できるように，ポートのフィルタを自動制御する。

・端末登録システムを開発し，Webサーバ上で動作させる。DHCPサーバは，端末登録システムにMACアドレスが登録された端末からのIPアドレス割当要求だけに応答するように，ソフトウェアを改修する。

・端末の使用者は，接続済みのPCからブラウザを使って，事前に氏名及び端末のMACアドレスを登録する。

U君は，O主任に端末の管理強化策の案を説明した。O主任は，U君の案に対して次の3点を指示した。

・端末登録システムの登録情報に，端末の機種名を加えること。MACアドレスの上位［ b ］ビットには，OUI（［ ウ ］に固有の値）があるが，端末の機種名を付け加えることによって，端末の特定がより容易になる。

…中略…

設問　本文中の［ b ］に入れる適切な数値，［ ウ ］に入れる適切な字句を答えよ。

解説

【空欄b】

MACアドレスは全体で48ビットです。上位24ビットがベンダID（OUI），下位24ビットが固有製造番号（ベンダ内ID）となります。

【空欄ウ】

MACアドレスは上位24ビットでベンダ（メーカ）を，下位24ビットでベンダ内での個体番号を表します。

解答：b：24，ウ：ベンダ

インターネットの技術

08 MACアドレスとIPアドレスの関係

出題ナビ

焦点はMACアドレスです。通信機器を経由するごとにあて先と送信元が書き換えられていくので，出題者の視点では，動作メカニズムをきちんと理解しているかとても試しやすく，問題を作りやすい箇所です。伝送中にどこで，どのようにアドレスが書き換えられていくかを覚えて得点源にしましょう。

変わるMACアドレス，変わらないIPアドレス

IPアドレスがエンドtoエンドの通信，すなわち最初の出発点と最終目的地を指すのに対し，MACアドレスは同一サブネット内の送信元アドレスとあて先アドレスを指すのに使われます。

重要

ですから，ルータを経由してサブネットを超す場合，ルータを超えるたびに，送信元MACアドレスとあて先MACアドレスは書き換えられていきます。その間，送信元／あて先IPアドレスは変わりません。

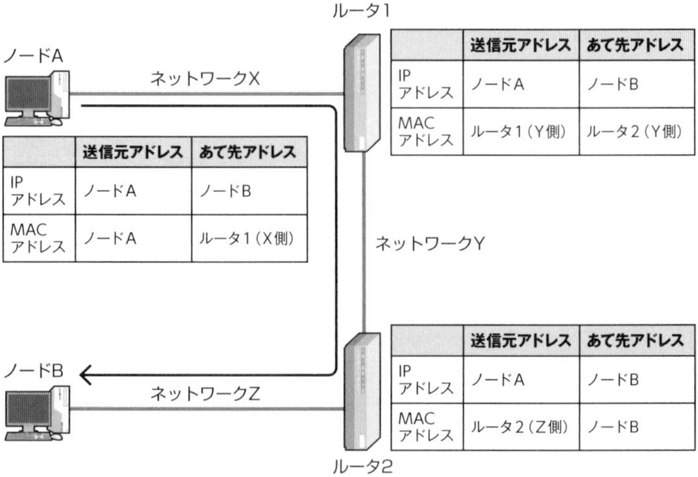

	送信元アドレス	あて先アドレス
IPアドレス	ノードA	ノードB
MACアドレス	ノードA	ルータ1（X側）

	送信元アドレス	あて先アドレス
IPアドレス	ノードA	ノードB
MACアドレス	ルータ1（Y側）	ルータ2（Y側）

	送信元アドレス	あて先アドレス
IPアドレス	ノードA	ノードB
MACアドレス	ルータ2（Z側）	ノードB

▲ノードAからノードBへの通信

合格のツボ

- **MACアドレス（データリンク層）**
  - L3の中継機器（ルータやL3スイッチ）を経由するごとにあて先と送信元が変わる
- **IPアドレス（ネットワーク層）**
  - あて先と送信元は通信の最初から最後まで不変（アドレス変換する場合を除く）

こんな問題が出る！

図のようなIPネットワークのLAN環境で，ホストAからホストBにパケットを送信する。LAN1において，パケット内のイーサネットフレームのあて先とIPデータグラムのあて先の組合せとして，適切なものはどれか。ここで，図中のMAC*n*/IP*m*はホスト又はルータがもつインタフェースのMACアドレスとIPアドレスを示す。

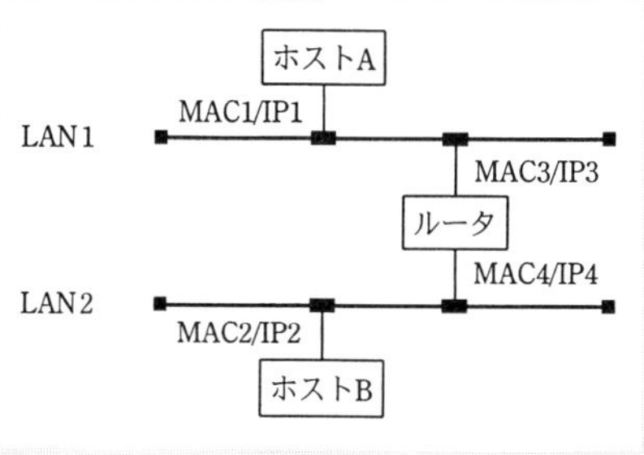

	イーサネットフレームのあて先	IP データグラムのあて先
ア	MAC2	IP2
イ	MAC2	IP3
ウ	MAC3	IP2
エ	MAC3	IP3

解説　IPアドレスはエンドtoエンドの通信を提供するアドレスですから，問題文にも記載がある最初の送信者（ホストA）が送信元，最終目的地（ホストB）があて先になります。表の記述にならえば，IPデータグラムのあて先はIP2です。

MACアドレスは同一サブネット内での通信に使われます。LAN1内ではホストAを出発したフレームは，ルータを経由してホストBのある別サブネットへ出て行く必要があるので，あて先MACアドレスはルータのLAN1側，MAC3になります。

解答：ウ

午後問題はこう出る！

H社では，社員の業務スキル向上のために，PCのブラウザから利用できるeラーニングシステム（以下，eシステムという）を導入して，一部の部署で活用してきた。その結果，eシステムの活用効果を確認できたので，研修コースを拡充して全社に展開することにした。各コースのコンテンツは，文字，図表，音声及び動画を使って作成されている。eシステムは，全社員が利用することになるので，eシステムのサーバ（以下，eSVRという）を複数台の構成にして，負荷分散装置（以下，LBという）で処理を振り分けることにした。H社のネットワーク構成を，図に示す。本社と営業所のネットワークのIPアドレスは，サブネットを設定せず，それぞれクラスAとクラスBが用いられている。

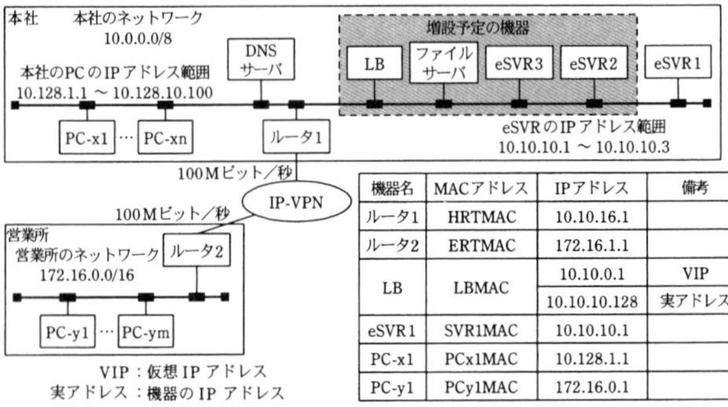

機器名	MACアドレス	IPアドレス	備考
ルータ1	HRTMAC	10.10.16.1	
ルータ2	ERTMAC	172.16.1.1	
LB	LBMAC	10.10.0.1	VIP
		10.10.10.128	実アドレス
eSVR1	SVR1MAC	10.10.10.1	
PC-x1	PCx1MAC	10.128.1.1	
PC-y1	PCy1MAC	172.16.0.1	

図　H社のネットワーク構成（抜粋）

…中略…

〔eシステムの増強〕

まず，P君は，検証環境で動作テスト実施済の2台のeSVRと1台のファイルサーバを，本社のLANに接続して，3台のeSVRに必要な情報を設定した。その後で，あらかじめ作業を依頼していた営業所のY君とともに，PC-x1とPC-y1から各eSVRにpingコマンドを発行し，正常応答を確認した。次に，PC-x1とPC-y1から各eSVRに接続して，eシステムが正常に利用できることを確認した。eシステムが利用できたので，P君はLBを本社のLANに接続して，DNSとLBに必要な情報を設定した。Y君にPC-y1からLB経由でeシステムを利用してもらったところ，eシステムの開始画面がPC-y1に表示されず，eシステムが利用できなかった。P君は，障害の原因究明のために，本社のLANにトラフィックモニタを接続して，通信データを収集した。収集した通信データのフレームの中から抽出した，eシステム接続に関連するフレームのアドレス情報を，表1に示す。

表1　eシステム接続に関連するフレームのアドレス情報

項番	送信元 MAC アドレス	あて先 MAC アドレス	送信元 IP アドレス	あて先 IP アドレス
1	a	b	172.16.0.1	10.10.0.1
2	LBMAC	c	d	10.10.10.1
3	SVR1MAC	HRTMAC	10.10.10.1	172.16.0.1

…中略…

設問　〔eシステムの増強〕について，表1中の a ～ d に入れる適切なMACアドレス又はIPアドレスを，図中の表記を用いて答えよ。

解説　【空欄a，b】

フレームの送信元IPアドレスが172.16.0.1，あて先IPアドレスが10.10.0.1ですから，図からPC-y1からロードバランサのVIPあてのフレームであることが分かります。このフレームは，各セグメントをPC-y1→ルータ2→ルータ1→LBと中継されていき，その都度送信元

MACアドレスとあて先MACアドレスが書き換えられていきます。
　トラフィックモニタが接続されているのは本社のLANですから，この通信の流れのうちルータ1からLBへ中継されるフレームをキャプチャすることになります。したがって，送信元MACアドレスはルータ1の，あて先MACアドレスはLBのMACアドレスを示します。

【空欄c，d】

　送信元MACアドレスがLBMAC，あて先IPアドレスが10.10.10.1です。したがって，ロードバランサからeSVR1あてのフレームであることが分かります。
　空欄cは，同じネットワーク内にあるあて先（eSVR1）をMACアドレスで表せばよいので，図より，SVR1MACであることが容易に導けます。
　空欄dは送信元を示せばよいわけですが，「IPアドレス」であることに注意が必要です。MACアドレスと異なり直前で中継をしたルータ1ではなく，最初の送信者であるPC-y1のIPアドレを記入する必要があります。

解答：空欄a：HRTMAC，空欄b：LBMAC
空欄c：SVR1MAC，空欄d：172.16.0.1

09 トランスポート層とポート番号

出題ナビ

信頼性の確保とアプリケーションの識別が，この層の役目です。識別にはポート番号が使われ，基本的にはOSが採番して割り当てますが，アプリケーションごとに固定されたポートを特にWell-Knownポートと呼びます。特に代表的なWell-Knownポートは，午後問題の前提知識になることがあります。

トランスポート層の役割

OSI基本参照モデルの第4層であるトランスポート層は，データ伝送の品質をつかさどります。ネットワーク層までで，エンドtoエンドの通信を行う機能は確立されていますが，トランスポート層はこれに信頼性を付与します。

重要

また，もう1つの大きな役割として，**ポート番号**と呼ばれる識別子を使ってアプリケーションの識別を行います。

ポート番号

IPアドレスでノードを識別しても，実際に通信をするのはノード内で動作するアプリケーションであるため，それを識別するしくみが必要です。そこで，ポート番号と呼ばれる16桁の2進数からなる数値を使います。10進数では0～65535になります。

ははあ，PC Aの100番ポートが割り当てられたソフトと，PC Bの100番ポートが割り当てられたソフトが通信するわけですね。

送信元ポート番号とあて先ポート番号は別物です。たとえば，PC Aの200番のソフトと，PC Bの500番のソフトが通信してもOKです。

Well-Knownポート

広く利用されるアプリケーションは，固定のポート番号が与えられており，**Well-Knownポート**と呼ばれています。TCP，UDPともに0～1023番までの番号がWell-Knownポートとして使用されています。

▼主なWell-Knownポート

FTPのデータコネクション	20
FTPの管理コネクション	21
SSH	22
TELNET	23
SMTP	25
DNS	53
DHCP client	67
DHCP server	68
TFTP	69
HTTP	80
POP3	110
NTP	123
SNMP	161
SNMPTRAP	162
HTTPS/TLS	443
IMAPS	993
POP3S	995

合格のツボ

- 有名なポート番号については，知っていることを前提に問題が作られる
- ポート番号を指定しない場合，OSが自動的に空いているポート番号を割り当てる
- 製品ごとにばらつきがあるが，ICANN（インターネット資源を管理する団体）は49152～65535と定めている

こんな問題が出る！

Webブラウザで URL に https://ftp.example.jp/index.cgi?port=123 と指定したときに，Webブラウザが接続しにいくサーバのTCPポート番号はどれか。

ア　21　　イ　80　　ウ　123　　エ　443

解説　あるURLがどのポートを指定しているかは，スキームとポート指定部分を見ます。ポートの指定はIPアドレスやFQDNのあとにコロンで区切って行われますが，この場合は省略されているのでスキームによって決定されます。設問ではスキームはhttpsですので443が正解です。httpの80と間違えないようにしましょう。？以下で表されるクエリストリングに123と記述されていますが，これはWebサーバに渡す情報であって今行っている通信を規定する情報ではないので注意が必要です。

解答：エ

10 TCPとUDP

出題ナビ
出題量としては，TCPが多いです。シーケンス番号とACK番号の関係，ウィンドウ制御をする理由と方法を中心に記憶していきましょう。UDPはどんなときに使うかが，答えられるようにしておきましょう。

TCP

TCPは，信頼性の確保とアプリケーションの識別を行う，トランスポート層のプロトコルです。通信に先立ってコネクションを確立する，**コネクション型通信**を提供します。

● 3ウェイハンドシェイク

コネクションを確立するために行うのが**3ウェイハンドシェイク**で，コネクション確立要求パケット（**SYN**）と，それに応える確認応答パケット（**ACK**）が3回やり取りされます。

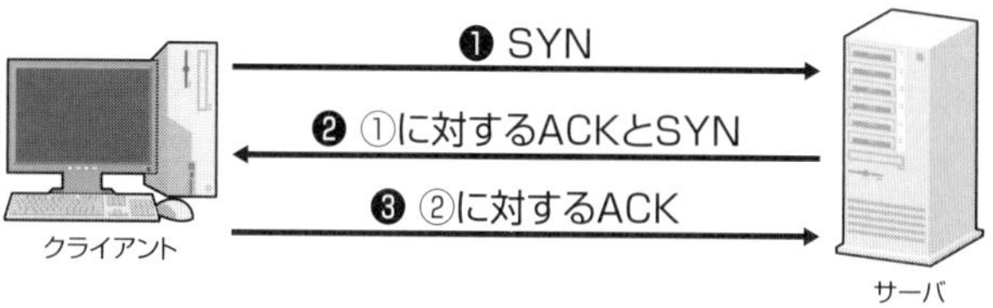

▲3ウェイハンドシェイク

● TCPのデータ伝送

コネクションが確立すると，実際に送りたいデータの伝送が始まります。TCPがやり取りするデータの単位を**セグメント**（IPでいうパケット）と呼びますが，1セグメントのデータが送られるごとに，受信側ノードが**確認応答**を返信します。

セグメントにつけられている数値を，**シーケンス番号**といいます。TCPヘッダに埋め込まれ，通信の管理に使われます。確認応答では次に送信すべきシーケンス番号を通知して，送信を促します。

こんな問題が出る！

クライアントとサーバ間で3ウェイハンドシェイクを使用し，次の順序でTCPセッションを確立するとき，サーバから送信されたSYN/ACKパケットのシーケンス番号Aと確認応答番号Bの正しい組合せはどれか。

順序	パケット	パケットの送信方向	シーケンス番号	確認応答番号
1	SYN	クライアントからサーバ	11111	なし
2	SYN/ACK	サーバからクライアント	A	B
3	ACK	クライアントからサーバ	11112	22223

	A	B
ア	11111	22222
イ	11112	22223
ウ	22222	11112
エ	22223	11111

解説　問われているのは，サーバからクライアントへの通信ですから，A（シーケンス番号）は表で示されている11111や11112（クライアントからサーバ）とは別個の一連の番号になります。

Aに対する確認応答番号が22223ですから，Aは22222であると確定できます。仮に知識があやふやでも，クライアントからサーバへの通信で11111，11112とシーケンスが流れることが表から読み取れますから，類推することが可能です。

B（確認応答番号）は，Bによって確認応答するシーケンス番号が11111であることが順序1で，Bを受けた次のシーケンス番号が11112であることが順序3で示されていますから11112であることが導けます。

解答：ウ

● TCPヘッダ

TCPは通信の到達確認などを行うため，シーケンス番号やACK番号などをやり取りする必要があります。TCPヘッダにはそのためのフィールドが用意されています。

▼主なTCPヘッダの内容

フィールド	内容	出題ポイント
送信先ポート番号	送信側ソフトが使うポート番号	
あて先ポート番号	受信側ソフトが使うポート番号	
シーケンス番号	今送ろうとしているセグメントの番号	通信開始時に乱数で決定する
ACK番号	次に送って欲しいセグメントの番号	受け取ったセグメント番号ではない点に注意
データオフセット	ヘッダの長さ	4オクテットのかたまりが何個，という書き方
予約	将来の機能拡張に使われる	
コードビット	SYNやACKであることをここで見分ける	ACKフラグがあると，「返信」なのでファイアウォールを通過できる
ウィンドウサイズ	ACKなしで送信できる最大データ量	通信状態がよければサイズを大きくする。通信中にも変更される
チェックサム	データの完全性を保護する	送信元IPアドレス，あて先IPアドレス，パディング，プロトコル番号，TCPセグメント長から作る

重要

シーケンス番号とACK番号の関係がよく分からないんですけど。

最初のセグメントのシーケンス番号が1で，セグメント長が100オクテットだとします。
受信側が次に送って欲しいデータは101オクテット目以降なので，ACKとして101を返信します。
送信側はそれに応えて，シーケンス番号101をセットした101～200オクテット目のデータを送信します。

合格のツボ

ウィンドウサイズ

- 受信側のバッファが受け取れないときは，ウィンドウサイズを0にする
- すると，送信側はセグメントの送信をストップする
- いつ送信を再開していいか探るために，ウィンドウプローブと呼ばれる探索パケットを送信する

UDP

重要

UDPは**コネクションレス型**の通信を行うトランスポート層のプロトコルです。TCPが信頼性を確保するのに対して，アプリケーション識別の機能しか持たない，割り切ったプロトコルといえます。ヘッダ構造も非常にシンプルで，全体で64ビットしかありません。

対比で覚える！

TCPとUDPはセットで

	利点	欠点	利用シーン
TCP	信頼性が高い。通信をきめ細かく管理できる	オーバヘッドが大きく，通信速度が落ちる	ごく一般的に，多くのアプリケーションが利用
UDP	通信速度が速い	到達確認をせず，信頼性に劣る	リアルタイムの音声通話，動画配信など。FTPの簡易高速版であるTFTPもUDPを利用

それぞれに利点と欠点があるため，用途に応じて適切なプロトコルを使い分けます。UDPは，通信速度を重視するIP電話や動画配信で威力を発揮します。また，もともと通信品質が高い回線での使用にも向いています。

TCPの80番ポートと，UDPの80番ポートは違うのですか？

別物です。異なるソフトに同じポート番号を付けようとすると重複エラーになりますが，ソフトAにTCP10000番ポートを，ソフトBにUDP10000番ポートを割り当てるのはOKです。

出るところで覚える！

IPヘッダとTCPヘッダ，出るところはココ！

●**TCP**

- ・ウィンドウサイズの意味は，午後試験でも直接問われる
- ・輻輳への対応策は？
  →ウィンドウサイズの縮小，といった知識も問われる
- ・パケットの到着順序の管理は，シーケンス番号で行う
  →矛盾したパケットを破棄してセキュリティ向上をさせる設問も

●**IP**

- ・IPヘッダはIPsecとの絡みでの出題が多い。どこからどこまでが暗号化対象かを理解しておく
- ・ESPを使う場合，SPI＋シーケンス番号＋ペイロード＋パディング＋パディング長＋次ヘッダ＋認証情報

インターネットの技術

11 TCP通信の高速化技法

出題ナビ

直接の出題対象になるとしたら，スライディングウィンドウです。ウィンドウサイズのネゴシエーションが行われること，通信中にも変更されることを中心に理解しておいてください。バッファに余裕があるとき，ウィンドウサイズは大きくなります。サイズの通知はTCPのヘッダで行われます。

スライディングウィンドウ

TCPの通信が遅くなる理由の一つに，ACKが返信されるまで，送信ノードは次のセグメントデータを送信できない点があります。

重要

そこで**スライディングウィンドウ**と呼ばれるバッファを設定して，データを連続送信できるようにしました。セグメント長が100オクテット，ウィンドウサイズが500オクテットのTCPコネクションがあった場合，送信側ノードは5セグメント分のデータを連続送信できます。

なんでスライディングって言うんですか？

ACKが返ってくるたびに送信データ上のウィンドウをずらすからです。メモリなどのリソースが潤沢にある場合は，ウィンドウサイズを大きくするとスループットが向上します。

▲ウィンドウの移動

フロー制御

通信の状態は刻々と変わるため，TCPの制御プログラムは最初は様子を見るように少しずつデータを送り始めます。これを**スロースタート**といいます。順調に伝送が進行すれば一度に送るデータ量を大きくしていきます。

受信側は，何らかの理由で輻輳が起きそうになったら，ウィンドウサイズを小さくして送信側に通知します。最適な通信速度へと調整するこれらの動作を**フロー制御**と呼びます。

合格のツボ

- TCPヘッダにはウィンドウサイズを格納するフィールドがある
- 送信側も受信側も，ここに自分の望む（処理できそうな）ウィンドウサイズをセットして相手に送り，どのくらのウィンドウにするか交渉（ネゴシエーション）する

こんな問題が出る！

ネットワークの制御に関する記述のうち，適切なものはどれか。

ア　TCPでは，ウィンドウサイズが固定で輻輳《ふくそう》回避ができないので，輻輳が起きると，データに対してタイムアウト処理が必要になる。

イ　誤り制御方式の一つであるフォワード誤り訂正方式は，受信側で誤りを検出し，送信側にデータの再送を要求する方式である。

ウ　ウィンドウによるフロー制御では，応答確認のあったブロック数だけウィンドウをずらすことによって，複数のデータをまとめて送ることができる。

エ　データグラム方式では，両端を結ぶ仮想の通信路を確立し，以降はすべてその経路を通すことによって，経路選択のオーバヘッドを小さくしている。

解説　送信すべきデータがレールだとしたら，その上をウィンドウという列車が走っていくようなイメージです。応答確認があった分だけウィンドウは先に進み，ウィンドウの中に入ってきたデータを送信します。

ア　TCPにおけるウィンドウサイズは可変です。TCPヘッダには，ウィンドウサイズを指定する項目があります。
イ　フォワード誤り訂正では，送信側にデータの再送を要求せずに，受信側で伝送エラーを回復します。
エ　コネクション型通信の特徴を説明した文章です。データグラム方式はコネクションレス型通信です。

解答：ウ

高速再送制御

重要

スライディングウィンドウで使われる再送制御の方法です。送信したセグメントが失われた場合，受信ノードは完全に受信に成功したセグメントまでのACKを応答し続けます。これが**3回繰り返されると**，送信ノードは次のセグメントの再送を決めるので，タイムアウトによる再送より，再送処理が速くなります。

その他の高速化技術としては，以下のものを覚えておきましょう。

	内容	ポイント
スロースタート	小さなウィンドウサイズから通信を始める	混雑している時に通信開始しても急に輻輳が発生しない
遅延応答確認	ACK返信のタイミングを遅らせる	受信直後だと，バッファを使っているため，過小なウィンドウサイズを指定する恐れがある
ピギーパック	ACKの中に返信データを含める	SMTP，POP，HTTPなど，対話型のプロトコルで特に効果を発揮する

合格のツボ

- TCPの基本は，1セグメントごとの送信
- スライディングウィンドウを使うと，複数セグメントをどんどん送れる
- ウィンドウサイズは，通信状況にあわせて変化する

インターネットの技術

12 ルーティング技術①

出題ナビ

出題実績は圧倒的にIGPです。EGPはBGP-4に関連する箇所だけ覚えておきましょう。経路を計算する要素（メトリック）はホップ数ばかりではありません。リンクステート方式では，回線速度なども考慮して経路を決定するため，高負荷ですが最適な経路を見つけられます。

IGPとEGP

ルーティングテーブルは手動で作る（静的ルーティング）こともできますが，現在のネットワークの規模を考えると，自動で作る（**動的ルーティング**）技術を取り入れるのが現実的です。動的ルーティングを行うルーティングプロトコルは，**IGP**と**EGP**に大別できます。

重要

IGPは自律システム内のルーティングを，**EGP**は自律システム間のルーティングを行うプロトコルで，出題対象となるIGPにRIPとOSPFが，EGPにBGP-4があります。

対比して覚える！

IGPとEGP

IGP……自律システム内のルーティング
・代表例：RIP，OSPF
EGP……自律システム間のルーティング
・代表例：BGP-4

自律システムというのは，同じ方針に従って管理される範囲のことで，一般的には企業のことだと考えて差し支えありません。

各プロトコルで利用される技術

● ディスタンスベクタ方式

重要

RIPで使われている**ディスタンスベクタ方式**は，経路を決定する際のアルゴリズムの一つで，**方向**と**距離**のみで判断するシンプルなやり方です。インターネットで使われる経路計算要素（メトリック）は複数ありますが，この方式では**ホップ数**（経由するルータの数）が使われます。回線速度などは要素に含まれません。ルータに与える負荷が小さいという長所がありますが，必ずしも距離が近いからパケットが最速で伝送されるわけではないので，実態にあわないルーティングをする可能性もあります。

● リンクステート

重要

リンクステートは**トポロジマップ**（ネットワークの構成図）を作って，それを参照して経路を決定する方法です。構成図には，中継機器の性能，回線速度などを加味することができるので，ディスタンスベクタ方式より高速な経路を選択できる可能性が高くなります。構成図を作るのに時間がかかること，機器やネットワークへの負荷が大きいことが注意点です。

合格のツボ

●ディスタンスベクタ

- そのルータごとに持っている情報が異なる
- 方向と距離のみで，速度を考慮しないので必ずしも正しいルーティングをするとは限らない
- 具体例：RIP

●リンクステート

- トポロジマップは地図のようなものなので，同じエリア内であれば複数のルータで同じ情報を持つ
- 機器やネットワークへの負荷が大きい
- 具体例：OSPF

リンクステートはディスタンスベクタより優れているんですね?

情報が多いということは，処理するのが大変ということです。ルータが高価格になったり，設計がめんどうになったりすることがあります。

経路情報のループ

ディスタンスベクタ方式では，経路がループしてしまう可能性があります。具体的には，ルータ故障時などに代替経路を設定したら，2台のルータ間でパケットを送りあったなどの現象が起こります。IPパケットには生存時間（TTL）が設定されているため永遠にループし続けることはありませんが，スループットが低下します。そこで，次のような対応策が実装されています。

● スプリットホライズン

ループを避けるための技術の一つで，自分がルートを教えてもらった方向には，そのルートの広告を行いません。

● ポイズンリバース

スプリットホライズンが，広告を行わないことで余分なルートを隠蔽するのに対して，**ポイズンリバース**は余分なルートの情報を「汚す」ことで，より積極的にループしそうな経路を抹消します。

対比して覚える!

スプリットホライズンとポイズンリバース

	利点	欠点
スプリットホライズン	シンプル	ネットワーク構成が複雑になると対応できないケースがある
ポイズンリバース	複雑なネットワークでも，ループを抑制できる	ルーティングテーブルが大きくなり，ルータやネットワークを圧迫する

インターネットの技術

13 ルーティング技術②

出題ナビ

出題のほとんどはRIPとOSPF，近年の流れとしてはOSPFがメインです。リンク状態型とコストの概念を説明できるように準備しましょう。踏み込んだ出題としては，各OSPFルータの役割が問われることがあります。本文中にあげた3つのルータが答えられればOKです。

RIP

非常に普及しているルーティングプロトコルで，小規模なネットワークでよく使われます。**RIP**はディスタンスベクタ方式で，経路を決定します。

重要

RIPに対応するルータは，30秒ごとにルーティングテーブルをブロードキャストします。こうして近隣にあるルータ同士でルーティングテーブルを交換し合うことで新たな経路を知り，また，120秒間ブロードキャストがなかった経路は抹消することで最適な経路を維持します。ただし，ネットワークが大規模になると，このブロードキャストが帯域に負担を与えます。

合格のツボ

RIPは

- **経路決定方法はディスタンスベクタ**
- **最適な経路をホップ数の小ささで決める**
- **小規模ネットワーク向き。ルータに負担をかけない**
- **大規模ネットワークには不向き。最大ホップ数が16までで，回線速度等も考慮しない**

● RIP2

RIPで不備を指摘されていた箇所を修正したプロトコルです。基本的な性質（最大16ホップのホップ数制限など）は変更ありません。

変更点で覚える！

RIPからRIP2への変更点

- ブロードキャストを廃止。マルチキャストへ変更
- サブネットマスクに対応。サブネット分割されたネットのルーティングも可能に
- パスワード認証に対応。パスワードが一致しないルーティングテーブルの情報は無視

こんな問題が出る！

RIP及びRIP2の仕様に関する記述のうち，適切なものはどれか。

ア　RIPでは情報交換にブロードキャストを使うが，RIP2ではユニキャストを使う。
イ　RIPと同様にRIP2でもサブネットマスクを運ぶ機能がある。
ウ　RIPには最大15ホップまでという制限があるが，RIP2では制限が拡大されている。
エ　RIPには認証機構がないが，RIP2では更新情報のメッセージごとに認証ができる。

解答：エ

OSPF

重要

OSPFはRIP同様IGPプロトコルで，RIPとの最大の相違点は経路の決定にリンク状態（一種の地図）を用いることです。そのため，ディスタンスベクタではループが生じるような状況でも正確なルーティングが可能です。また，経路の計算要素（メトリック）として**コスト**（回線の帯域幅から計算）を使います。同じIGPプロトコルのRIPと比較される形での出題があります。

● SPFアルゴリズム

SPFアルゴリズムは，OSPFで**コストの算出**を行っているアルゴリズムです。

● OSPFパケット

OSPFパケットは，OSPFにおいてルーティング情報をやり取りするためのパケットです。OSPFでは，同じ役割の各ルータが持つリンク状態は原則として同じになるため，これを維持するのが目的です。OSPFではやり取りする情報が大きくなるため，ルータや通信帯域に与える負荷を小さくする工夫がされています。

● エリア

各ルータが持つべきリンク状態を減らすために，ネットワークを**エリア**という単位に分割して管理しています。各エリアにあって他のエリアと接続していないルータを**内部ルータ**と呼びます。そのエリアのリンク状態のみを持つルータです。エリア間の通信をするために，すべてのエリアと接続する**バックボーンエリア**を設置します。ここに設置されるルータは，ネットワーク全体のリンク状態を持ちます。

合格のツボ

OSPFは
- 経路決定方法はリンクステート（トポロジマップを利用）
- 経路の計算にコストを利用。コストには帯域情報が含まれる
- コスト算出はSPFアルゴリズムが行う
- ルーティング情報のやりとりはOSPFパケットで

エリアでは
- エリア内のルータは，内部ルータ
- バックボーンエリア内のルータのみと接続するルータは，バックボーンルータ
- バックボーンエリアと各エリアを結ぶルータは，エリア境界ルータ

こんな問題が出る！

図は，OSPFを使用するルータa～iのネットワーク構成を示す。拠点1と拠点3の間の通信はWAN1を，拠点2と拠点3の間の通信はWAN2を通過するようにしたい。xとyに設定するコストとして，適切な組合せはどれか。ここで，図中の数字はOSPFコストを示す。

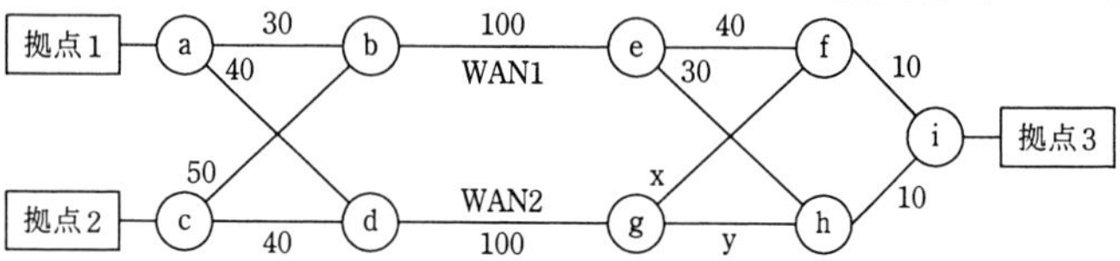

	x	y
ア	20	20
イ	30	30
ウ	40	40
エ	50	50

解説

「拠点1～WAN1～拠点3」の最小コストは170，「拠点1～WAN2～拠点3」の最小コストは150＋xもしくは150＋yです。WAN1ルートを使いたければ，xとyはともに20より大きくなければなりません。

「拠点2～WAN1～拠点3」の最小コストは190，「拠点2～WAN2～拠点3」の最小コストは150＋xもしくは150＋yです。WAN2ルートを使いたければ，xとyはともに40より小さくなければなりません。

したがって，両方の条件を満たすのは，選択肢イのみであると特定できます。

解答：イ

BGP-4

重要

BGP-4はEGPの代表的なプロトコルで，午前問題でよく出題されます。**AS番号**というAS（自律システム）に対して振られる固有番号を使ってルーティングを行います。

BGPでは，BGPに対応したルータを自律システムの境界に設置して，他の自律システムと経路情報を交換します。このルータを**BGPスピーカ**といいます。BGPスピーカが交換する情報は，あて先ASに至るまでの方向と距離，通過するAS番号などです。これを蓄積したデータベースを**AS経路リスト**と呼び，パスベクタ型アルゴリズムを適用して経路を決定します。

合格のツボ

BGP-4でのポイント

- RIPやOSPFが管理しているネットワークがAS（自律システム）
- BGP-4は，AS同士を接続するためのプロトコル
- 経路は通過するASの数で決める

こんな問題が出る！

BGP-4におけるASに関する記述として，適切なものはどれか。

ア　あるルータが作成したRouter-LSAが伝播《ぱ》するルータの集合である。
イ　接続されるルータの数，ブロードキャストやマルチキャストの使用の有無，トポロジ種別などによって区分けされたネットワーク群であり，Helloプロトコルによって隣接関係を確立する。
ウ　同一の管理ポリシによって管理されるネットワーク群であり，2オクテット又は4オクテットのAS番号によって識別される。
エ　リンクステート型の共通のプロトコルを使用して，ルーティング情報を相互に交換するルータの集合である。

解説　AS（自律システム）とは，組織内部で管理・運営されるネットワークで，RIPやOSPFで経路制御をします。BGP-4は，AS間の経路制御を行うためのプロトコルです。ASには2ないし4オクテットのAS番号が割り当てられ，BGP-4はこれを用いてルーティングをします。

解答：ウ

MPLS

MPLSはMulti-Protocol Label Switchingのことで，パケットの先頭にラベルデータ（MPLSタグ）を付加することで高速な伝送や上位，下位プロトコルにとらわれない伝送を実現する技術です。

ラベルに情報を記述することで，IPでは不可能な送信元ノードによる経路の指定や，IPと独立したネットワークを構成すること（複数のIPネットワークを集約したり，単一のIPネットワークを分割したり）も可能です。ネットワークデザインの柔軟な変更に効果があり，VPNなどで使われています。

MPLSに対応したルータを**LSR**（ラベルスイッチングルータ）といいます。MPLSネットワークはLSRによって作られます。MPLSネットワークと他のプロトコルで動作するネットワーク（たとえばIPのネットワーク）の境界に位置するルータは**LER**（ラベルエッジルータ）です。LERはパケットがMPLSネットワークに入るときにラベルの付与を行い，出ていくときには削除します。IPのホストから見ると，目的地までの間にMPLSネットワークを経由したとしても，それを意識する必要はありません。

対比で覚える！

RIP，OSPF，BGP-4の違い

▼各ルーティングプロトコルの特徴

	RIP	OSPF	BGP-4
用途	組織内部	組織内部	組織間
経路制御方法	距離と方向	リンク状態	距離と方向
向いている組織	小規模組織	大規模組織	
通信機器への負荷	小さい	大きい	
経路制御の精度	低め	高め	

午後問題はこう出る！

…中略…

〔K社NWとL社クラウドサービスとの経路情報の交換の検討〕

L社クラウドサービスとのネットワーク接続では，静的経路制御，又はBGPを用いた動的経路制御を選択できる。Oさんは，③BGPを用いた動的経路制御を選択した。

Oさんが考えた，K社NWとL社クラウドサービスとの経路情報の交換の概要を図2に示す。

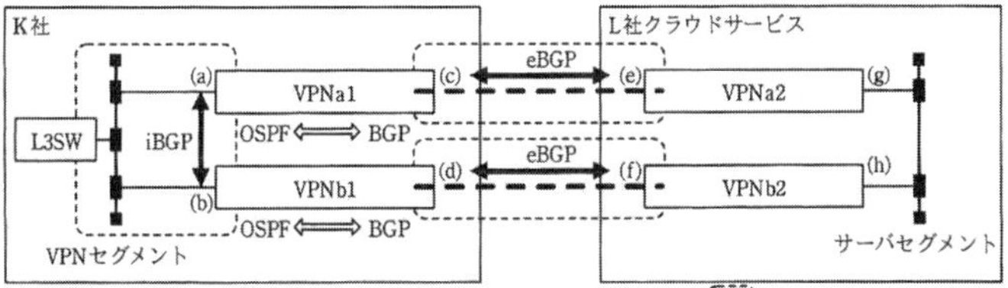

注記1　太い破線は，VPNトンネルを示す。　⟷：BGPピア　（破線枠）：OSPFエリア
注記2　(a)～(h)は，VPNルータに割り当てたプライベートIPアドレスを示す。

図2　K社NWとL社クラウドサービスとの経路情報の交換の概要

BGPはルーティングプロトコルの一つであり，特定のルーティングポリシで管理されたルータの集まりを示す ウ の間で，経路情報の交換を行うために開発されたプロトコルである。

BGP接続を行う2台のルータ間ではトランスポートプロトコルの一つである エ のポート179番を使用し，経路情報の交換を行う。このコネクションのことをBGPピアと呼ぶ。

ウ を識別する番号として，VPNa1とVPNb1では65505を使用し，VPNa2とVPNb2ではL社クラウドサービスが割当てを受けている64496を使用する。

VPNa1とVPNa2間及びVPNb1とVPNb2間ではeBGPピアを設定し，VPNa1とVPNb1間ではiBGPピアを設定する。

VPNa2とVPNb2は，それぞれVPNa1とVPNb1に対し，L社クラウドサービス内のサーバセグメントの経路だけBGPで経路広告する。

K社NWのVPNセグメントと接続するVPNa1，VPNb1及びL3SWの各インタフェースではOSPFのエリア0を構成し経路情報の交換を行う。さらに，IP in IPで作成されたトンネルインタフェースでは，OSPFのエリア0を構成するが，④経路情報の交換を行う必要がないのでパッシブインタフェースとする。

VPNa1とVPNb1では，OSPFとBGPの間で経路情報の再配布を行う。

…中略…

設問1　本文中の ウ ～ エ に入れる適切な字句を答えよ。

設問2　本文中の下線③について，静的経路制御と比較して動的経路制御を選択した利点を40字以内で述べよ。

※設問は一部変更・省略

解説　設問1

【空欄ウ】

情報処理技術者試験の問題文ではよくあることなのですが，問題文自体がBGPの説明になっています。マニアックな数値などはこの中で教えてくれることも多いので，BGPがうろ覚えでも臆せず後続の文章を読んでいきましょう。

ルーティングプロトコルには，まず仲間うちのルーティングを司る

IGPがあります。代表例はRIPとOSPFです。「仲間うち」とは，同じポリシを共有する者と読み替えることができます。専門用語では**AS**（自律システム）といいます。空欄ウにはこのASが入ります。

【空欄エ】

IGPがAS内のルーティングを司るのに対して，AS間のルーティングを司るプロトコルをEGPと呼びます。EGPの代表例がこの設問の主題である**BGP**です。BGPは下位プロトコルとしてTCPを使います。後続の文章に「ポート179番」とあるので，忘れていたとしてもUDPかTCPのどちらかまでは絞り込むことができます。

設問2

RIPやOSPFも動的経路制御を行うプロトコルなので，BGPに馴染みがなければこれらを想像しながら解答を考えましょう。静的経路制御では経路の変更は人間の手作業を経なければ実行できません。しかし，BGPを含む動的経路制御ではこれを自動的に実行できるので，例えば回線障害や機器故障，輻輳によるコネクションの喪失などに素早く反応して，迂回経路を取ることなどができます。

解答　設問1　ウ：AS　　エ：TCP
設問2　回線障害や機器故障などを検出して，迂回経路をとることなどがBGPの機能で行える

14 DNS

出題ナビ

DNSは，レコードの書き方まで踏み込んだ形でよく出題されます。DNSが何を返答するかでネットワークの様相が変わってくるので，重要かつ問題が作りやすい要素だからです。伝統的なAレコードだけでなく，TXTレコードを使った拡張的な使い方にも気を配って対策してください。

DNS

DNSは，ドメイン名からIPアドレス（またはその逆）を導く，クライアント／サーバ型の名前解決システムです。各PCは**DNSクライアント**（**リゾルバ**）となり，DNSサーバに問い合わせをして，ドメイン名からIPアドレスを導きます。

ドメイン名

IPが使うIPアドレスは覚えにくいため，別名に相当する名前が必要です。それがドメイン名です。

ドメインの名前空間はルートを頂点に階層化されています。ルートの直下に位置する階層が**トップレベルドメイン**（**TLD**），その下に位置する階層が**セカンドレベルドメイン**（**SLD**）です。一般的にTLDにはjp（日本），uk（英国）などの国名が，SLDにはco（営利組織），go（政府機関）などの組織種別が入ります。

ドメイン名は普段から使ってるから完璧です。

「ドメイン」は範囲に注意してください。www.soumu.gihyo.co.jpなら，soumu.gihyo.co.jpがドメイン名で，wwwはホスト名です。ホスト名＋ドメイン名の形になっていて，コンピュータの特定に至れるものをFQDN（完全修飾ドメイン名）といいます。

名前解決の手順

DNSはドメイン名とIPアドレスのデータベースを分散させています。世界中のFQDNを解決するためのデータベースは膨大なので，範囲を分担して解決情報を保存しています。TLDはSLDの情報を知っているだけというように，自分から見て一階層下だけの解決情報を持ちます。**リゾルバ**はルートDNSサーバから徐々に下の階層のDNSサーバに問い合わせを繰り返すことで，最終的な名前の解決に至ります。

● コンテンツサーバ（権威サーバ）とキャッシュサーバ

重要

オリジナルの**名前解決情報**（**DNSレコード**）が保存されたDNSサーバを**コンテンツサーバ**（**権威サーバ**）と呼びます。毎回コンテンツサーバに問い合わせるのは非効率なので，自組織内に**キャッシュサーバ**を置いて問合せを代行させ，結果を保存します。リゾルバはキャッシュサーバに問合せを行い，キャッシュサーバ内に該当情報あれば直接回答を得，ない場合はキャッシュサーバが組織外のコンテンツサーバに問合せを行います。DNSレコードは書き換えられることがあるので，キャッシュには1日，2日などの有効期限が設定されます。

注意

● オープンリゾルバ

キャッシュサーバはとても便利なしくみですが，問合せに応じるのは自組織内のホストからに限定します。不特定多数からの問合せに応じて再帰的な問合せ代行をしてしまうサーバは**オープンリゾルバ**と呼ばれ，セキュリティ上の脆弱性になります。例えば，送信元IPアドレスを攻撃対象のホストのものに偽装した問合せを多数のオープンリゾルバに行うと，攻撃対象に容易に大量のパケットを送りつけることができます。

● プライマリサーバとセカンダリサーバ

DNSは重要なシステムであるため，複数台用意することがRFCで求められています。DNSレコードの集合を**ゾーン**といいますが，ゾーン情報のオリジナルが保存されるのが**プライマリサーバ**，ゾーン情報のコピーをもらって（**ゾーン転送**と呼ぶ）それを保存するのが**セカンダリサーバ**です。

重要

合格のツボ

- ドメイン内には複数のコンピュータがあり，特定するときはホスト名をプラスしてFQDNにする
- キャッシュサーバにはプライマリサーバやセカンダリサーバといった言い方はない
- コンテンツサーバがキャッシュサーバを兼ねることがあり，出題のネタとなる。外部への問合せ時に，不正データを挿入されるリスクがある

● DNSラウンドロビン

重要

DNSを負荷分散や冗長化に使うこともできます。複数FQDN＝単一IPアドレス，単一FQDN＝複数IPアドレスを組み合わせます。最もよく出題されるのが**DNSラウンドロビン**で，単一のFQDNに対する問合せに対して，複数台用意したサーバのIPアドレスを順番に回答して負荷分散を図ります。

こんな問題が出る！

DNSでのホスト名とIPアドレスの対応付けに関する記述のうち，適切なものはどれか。

ア　一つのホスト名に複数のIPアドレスを対応させることはできるが，複数のホスト名に同一のIPアドレスを対応させることはできない。
イ　一つのホスト名に複数のIPアドレスを対応させることも，複数のホスト名に同一のIPアドレスを対応させることもできる。
ウ　複数のホスト名に同一のIPアドレスを対応させることはできるが，一つのホスト名に複数のIPアドレスを対応させることはできない。
エ　ホスト名とIPアドレスの対応はすべて1対1である。

解説　複数FQDN＝単一IPアドレス，単一FQDN＝複数IPアドレス，どちらの組合せも可能です。前者はAレコードを複数作って対応します。後者の代表例はDNSラウンドロビンです。

解答：イ

DNSレコード

DNSはFQDNをともなった問合せに対して，IPアドレスを返答しますが，それ以外にもさまざまな用途に使われます。そのため，多くのデータ形式が用意されています。

▼DNSレコードの種類

レコードタイプ	説明	書き方（exmple.comだと仮定して）
A	DNSの基本機能である，ホストのIPアドレス情報を書く（IPv4）	dns IN A 192.168.0.1 mail IN A 192.168.0.2
AAAA	ホストのIPアドレス情報を書く（IPv6）	local IN AAAA ::1
NS	DNSサーバを指定する。exampleドメインのDNSサーバは，dns.example.com	example.com. IN NS dns.example.com.
CNAME	別名を指定する。dns.example.comへの通信はwww.example.com宛てでも届く	www IN CNAME dns
SOA	ドメインの情報（ドメイン名，管理者連絡先，レコードの有効期限など）を記す。先頭の1は 192.168.0.1の1	
PTR	逆引き（IPアドレスからホスト名）に使う	1 IN PTR dns.example.com.
MX	メールサーバを指定する。example.comへのメールは，mail.example.comへ送信すれば届く。メールサーバが複数ある場合は，プライオリティ値の小さい方を優先	example.com. IN MX 10 mail.example.com.
TXT	文字情報を書く。人間向けでも機械向けでもよい。様々な用途（SPFレコードを書く，DKIMの署名をする）に使える。SPFレコードは出題実績あり	

単一FQDNに複数IPアドレスをつけるのに，CNAMEレコードは使えませんか？

CNAMEレコードは，ホスト名の別名としてホスト名を指定するのに使います。

● MXレコード

あて先ドメインのどのマシンがメールサーバなのかを識別するためのレコードです。メールサーバのアドレスと優先度（プライオリティ値）が記されています。ドメイン内に複数のメールサーバがある場合，プライオリティ値の小さなサーバが優先されます。管理者はこの値を用いて，本番機と予備機を運用することができます。

● TXTレコード

重要

テキスト情報をDNSに登録するためのレコードです。用途は定められていませんが，出題対象になるのが**SPF**（メールの認証技術。第5章参照）との組合せです。ドメインが運用する正規のメールサーバを登録します。

例で覚える！

SPF情報の書き方

本試験で出題されるSPF情報の例です。

+ip4:192.168.0.1 -all
　→192.168.0.1からのメールのみ許可
+ip4:192.168.0.1 +ip4:192.168.0.2 -all
　→192.168.0.1と192.168.0.2からのメールを許可
+ip4:192.168.0.0 -all
　→192.168.0.0ネットワークからのメールのみ許可
-all
　→すべて拒否

読み方は，＋以下を許可し，-以下を拒否します

こんな問題が出る！

DNSゾーンデータファイルのNSレコードに関する記述のうち，適切なものはどれか。

ア　先頭フィールドには，ネームサーバのホスト名を記述する。
イ　ゾーン分割を行ってサブドメインに権限委譲する場合は，そのネームサーバをNSレコードで指定する。
ウ　データ部（RDATA）には，ゾーンのドメイン名を記述する。
エ　データ部（RDATA）には，ネームサーバの正規のホスト名と別名のいずれも記述できる。

解説　NSレコードは，あるドメイン範囲（ゾーン）をどのDNSサーバが管理しているかを記述するものです。ドメイン名に対して，そのドメインを管理する権威DNSサーバのFQDNを対応させて書きます。セカンダリサーバを立てる場合は，同じドメイン名に複数の権威サーバを記述します。サブドメインの管理を分割して，別のDNSサーバにサブドメインの管理を委譲する場合は，サブドメイン名とサブドメインの権威DNSサーバの対応を書きます。

解答：イ

合格のツボ

DNSレコードのポイント

- 複数のメールサーバがある場合に，MXレコードのプライオリティ値でサーバが選ばれる
- SPFはTXTレコードとして書く
- レコードの有効期限など，ドメインに関わる情報はSOAレコードに書く

午後問題はこう出る！

J社は，インターネットで情報を提供するWebサイト（URLは，http://www.web.j-sha.example.com)を運営しており，C社のデータセンタ（以下，DC-Cという）に設備を設置している。図1に，J社のシステム構成を示す。

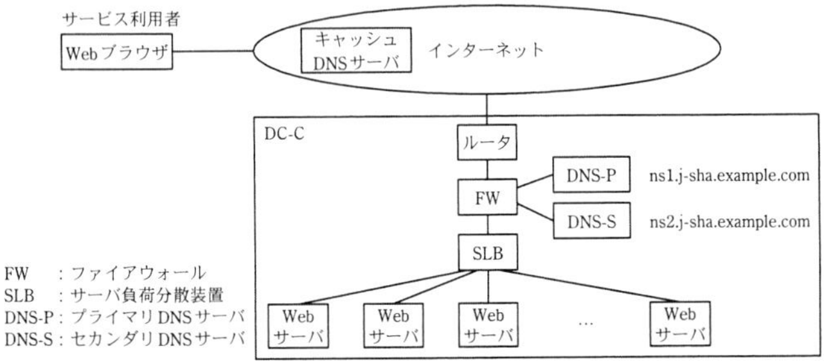

図1　J社のシステム構成（抜粋）

DNS-PとDNS-Sは，J社のドメインを管理するDNSサーバであり，DNS-PからDNS-Sへ［ ア ］転送を行い，2台のDNSサーバ間でリソースレコードの同期を取っている。

J社では，サービス利用者の増加に伴い，毎年Webサーバを増強してきた。来年度も増強が計画されているが，長期間又は復旧不能なサービス停止による利益損失を防ぐことを目的とした事業継続の観点から，他のデータセンタにもサーバを設置し，ディザスタリカバリにも対応する方針が出された。そこで，情報システム部のE主任がシステム構成を検討することになり，次の要件が決められた。

- 増設先のデータセンタは，D社のデータセンタ（以下，DC-Dという）とする。
- WebブラウザからWebサーバへのアクセス（以下，Webアクセスという）の数，サーバ負荷に応じて，Webアクセスを二つのデータセンタに分散する。
- 一方のデータセンタにアクセスできない場合，他方のデータセンタにWebアクセスを切り替える。一つのデータセンタだけでサービスを提供する場合は，サービスレベルの低下を容認する。

〔DNSラウンドロビン方式の検討〕

E主任は，DC-Dについては，DC-Cと同様に，ルータ，FW，SLB及びWebサーバを設置することにした。Webアクセスを処理する能力は，DC-Cが約70,000セッション／秒，DC-Dが約30,000セッション／秒である。また，Webアクセスの分散については，DNSラウンドロビンを利用した分散方式を考えた。次に，E主任が考えた方式を示す。

・Webアクセスを処理する能力から，DC-CとDC-Dに対するWebアクセスの分散割合は7対3とする。
・WebサイトのURLのFQDNに対応するIPアドレスを10個準備し，DNS-Pの［ イ ］レコードに登録する。

…中略…

設問　本文中の［ ア ］，［ イ ］に入れる適切な字句を答えよ。

解説

【空欄ア】

DNSサーバは可用性を高めるために，2台以上を用意して冗長構成にします。オリジナルのゾーン情報を保存するのがプライマリサーバ，プライマリサーバからゾーン転送してもらってコピーを保存するのがセカンダリサーバです。

【空欄イ】

一つのFQDNに複数のIPアドレスを設定する場合は，IPアドレスの数だけのAレコードを作ります。CNAMEレコードでないことに注意しましょう。

解答：ア：ゾーン，イ：A

15 DHCP

出題ナビ

ネットワークの大規模化，複雑化でIPアドレス自動設定技術としてのDHCPは必須技術になりつつあります。IPアドレス未取得の状態で通信するのにブロードキャストを使うこと，ブロードキャストはルータに遮断されること，DHCPで使う4つのパケットを覚えておきましょう。

DHCP

重要

DHCPはIPアドレスの設定を自動化する技術です。クライアントにIPアドレスを貸与し，未使用状態のクライアントなどからはIPアドレスを回収します。IPアドレス設定の手間を大幅に省くだけでなく，IPアドレスの効率的な利用にもつながります。

わざわざDHCPを使うメリットは何でしょうか？

クライアントPCに1個1個IPアドレスを付番する手間が省けます。
また，リース期限を決めてIPアドレスを回収するので，モバイル機器が多い環境等では，アドレスを節約できます。

● DHCPで使うパケット

重要

DHCPでは，サーバがIPアドレスを管理し，クライアントに貸し出し（リース）ます。クライアントが起動すると次の表にあげた**DHCPDISCOVER**，**DHCPOFFER**，**DHCPREQUEST**，**DHCPACK**までの4つのパケットのやり取りによって，IPアドレスがリースされます。この段階ではクライアントはIPアドレスを持っていないため，自分自身のアドレスとしては0.0.0.0を使い，ブロードキャストによって送信を行います。これに関連して，DHCPが下位プロトコルとしてUDPを使うことを覚えておきましょう。TCPではブロードキャストを行うことができません。

▼主なDHCPメッセージ

DHCPメッセージ	意味
DHCPDISCOVER	IPアドレスが欲しい
DHCPOFFER	このIPアドレスでどうですか
DHCPREQUEST	そのIPアドレスが欲しい
DHCPACK	IPアドレスを貸し出す

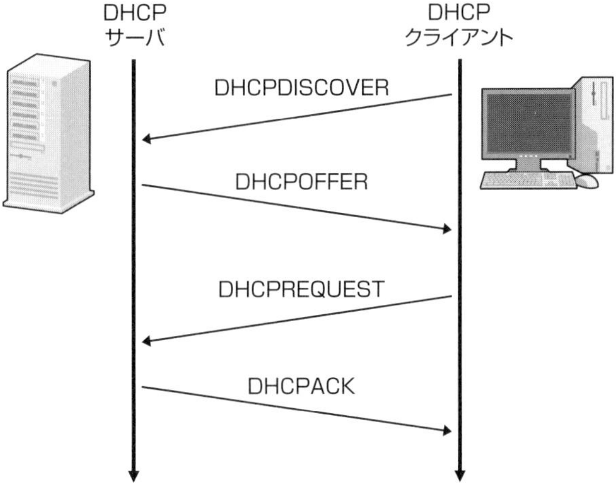

● リース期限

注意

IPアドレスの貸出には，**リース期限**が定められています。クライアントの構成を確実に把握すること，長期間使われていないマシンからIPアドレスを取り上げて節約すること等が目的です。頻繁にネットワークの要素が変更される環境（モバイルなど）では10分～1時間，安定した環境であれば1週間～1か月などとすることがあります。無期限で貸し出すことも可能です。

合格のツボ

- DHCPクライアントは，リース期限の半分が過ぎると，リース更新要求を送信する
- DHCPクライアントは，電源切断時にDHCPリセットパケットを送信して，IPアドレスを返却する

DHCPリレーエージェント

重要

　これも出題頻度の高い項目の一つです。DHCPが用いるブロードキャストはルータを超えられません。異なるネットワークを一つのDHCPサーバで管理したいときは，**DHCPリレーエージェント**（ルータなどに実装します）を設置して，DHCPリクエストを転送します。

毎回異なるIPアドレスが割り当てられるのですか？

その可能性はあります。固定アドレスが欲しいサーバなどはDHCPを使わないか，あらかじめMACアドレスなどを登録することで，同じIPアドレスがリースされるようにします。

合格のツボ

- DHCPでは，アドレス取得前のクライアントはブロードキャストを使う
- 途中にルータがあるとブロードキャストが届かない
- そこで，リレーエージェントを使えば，ブロードキャストを中継できる

午後問題はこう出る！

　Z社は，生活雑貨の企画，製造及び販売を行う企業である。本社は東京にあり，商品の製造と配送を行う商品本部が山梨にある。ネットワーク管理は，本社の情報管理課が行っている。Z社の現在のネットワーク構成を，図1に示す。

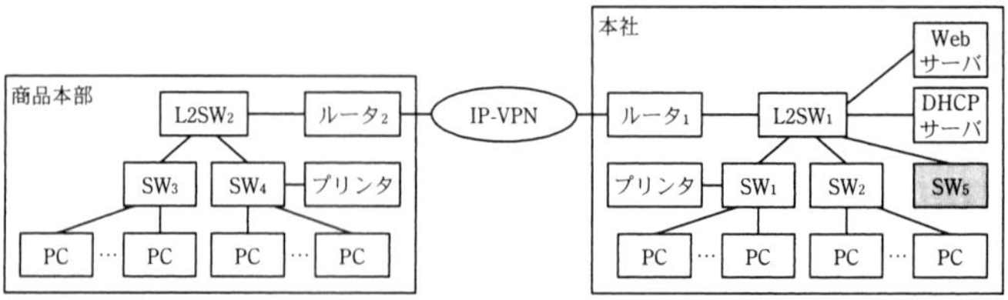

L2SW：レイヤ2スイッチ　　SW：アクセス用レイヤ2スイッチ

注記　SW$_5$は，増設予定のSWである。

図1　Z社の現在のネットワーク構成（抜粋）

〔IPアドレス割当ての仕組みと経緯〕

Z社では，全ての機器のIPアドレスを固定で割り当てていた。しかし，近年はPCの増設，入替えが頻繁になり，IPアドレス管理業務が煩雑になってきた。また，①情報管理課の許可を得ずにPCのIPアドレスを割り当て，他のPCの通信に障害が発生したことがあった。そこで，DHCPを用いたIPアドレス自動割当てに切り替えた。現在，全社のPCのIPアドレスは，本社にあるDHCPサーバで一元管理し，ルータ$_2$でDHCP [ア] を動作させて商品本部での割当てに対応させている。

…中略…

・PC2（新システムの動作確認用PC）のOSでは，DHCPサーバを見つけるためのメッセージである [オ] ，及びDHCPREQUESTにフラグビットを立てて，DHCPサーバからDHCPOFFER及びDHCPACKをブロードキャストで送信するよう要求していた。

…中略…

設問　本文中の [ア] ， [オ] に入れる適切な字句を答えよ。

解説

【空欄ア】

DHCPでは，未発見のDHCPサーバ，IPアドレス未取得のクライアントに対してパケットを送信するために，ブロードキャストを使います。ルータで分割されたネットワークにはこのブロードキャストが届かないため，リレーエージェントと呼ばれる機能で転送します。

【空欄オ】

DHCPのプロセスは，クライアントがDHCPサーバを探してIPアドレスを要求することで始まります。これに使われるのが，DHCPDISCOVERパケットです。

解答：ア：リレーエージェント，オ：DHCPDISCOVER

インターネットの技術

16 メール関連のプロトコル

出題ナビ

迷惑メール対策や情報漏えい対策で問われます。SMTPメッセージの構造（エンベロープ，ヘッダ，ボディ）や，エンベロープに記載される項目が必要知識です。送信ドメイン認証も出題頻度が高いので，DNSとの関連に注意しておきましょう。POP3の出題は少なめです。

メール送信のプロトコル，SMTP

SMTPは，送信ノードが受信ノードに対して，メールを送信するために使うプロトコルです。現在では，メールサーバを介することがほとんどです。

手順で覚える！

SMTPのメール送信手順

① 送信ノードは，自ドメインのメールサーバにメールを送信する
② メールサーバは，受信ノードのあるドメインのメールサーバにメールを転送する
③ 受信ノードにあるメールサーバは，そこでメールを蓄積し，送信プロセスはここで完了する

ここから先は受信プロセスといって，別のプロセスになります。クライアントがメールサーバにメールを取りにきます（POP3，IMAP4などの受信プロトコルを使う）。

● SMTPの伝送手順

SMTPはTCPコネクションを利用して，SMTPコマンドを相手ノードに伝えることで，メールを送信します。相手ノードからは，SMTP応答が返ってきます。

▼SMTPコマンド

コマンド	説明
EHLO<domain>	HELOの拡張版。SMTPのどの拡張機能に対応しているか聞く
HELO＜domain＞	通信の開始を表す
MAIL FROM：＜Return-Path＞	送信者を挿入するフィールド
RCPT TO：＜Forward-Path＞	受信者を挿入するフィールド。複数に送るときは複数のRCPTを書く
DATA	電子メール本文
RSET	初期化コマンド
VRFY＜string＞	ユーザ名の確認
EXPN＜string＞	MLを展開
NOOP	応答要求
QUIT	切断

注意

SMTPサーバは，TCP25番でメールを待ち受けます。しかし，クライアント（MUA）→サーバ（MTA）とサーバ→サーバの通信を同じように扱うのはセキュリティ上の問題があり，OP25Bで外部サーバが使えないなどの不具合も生じます。そのため，クライアント→サーバ間の通信では，サーバ側が**TCP587番**（**サブミッションポート**）を使う出題が多くなっています。

● SMTPメッセージ

重要

SMTPメッセージ（つまりメールのこと）は，**エンベロープ**，**ヘッダ**，**ボディ**の3つの部分で成り立っています。ヘッダとボディをあわせた部分がコンテンツ，利用者が作った「メール」に相当します。利用者が書くあて先情報や件名がヘッダ，本文がボディと考えてください。

エンベロープは，SMTPコマンドが使う情報です。MAIL FROMが示す送信者や，RCPT TOが示す受信者などのフィールドがあります。

▼SMTPメッセージの構成と内容

	内容	使い方
SMTP エンベロープ	MAIL FROM，RCPT TOなど SMTPコマンド	メールサーバ（MTA）が使う
SMTPヘッダ	送信者，受信者，エンコード情報 など	受信側のメールソフトが使う
SMTPボディ	メールの本文	受信者が読む

※ヘッダとボディをあわせて，コンテンツという

ヘッダとエンベロープは同じ情報になりませんか？

同じこともあります。メールサーバが実際の伝送に使うのがエンベロープ，メールソフトが利用者にメールの情報を表示するのに使うのがヘッダだと考えてください。
メーリングリストのように，エンベロープとヘッダが異なる内容になるケースもあります。

合格のツボ

SMTPでは

- Well-Knownポートは25番だが，クライアント→サーバ間の通信では587番（サブミッションポート）を使うことも
- サブミッションポートにすると，迷惑メール対策であるOP25Bを利用できる
- メールサーバ（MTA）が使う情報は，SMTPエンベロープ

● MIME

SMTPはASCIIコードしか送信できません。そのため，それ以外の情報を送信する場合は**エンコーディング**を行いますが，最も一般的なのが**MIME**です。

重要

MIMEはデータを**base64**でASCIIコードに変換します。送信データから3バイトずつ切り出し，それを6ビットごとに1文字のASCII文字に変換します。

出題実績から覚える！

MIMEで変換すると4/3倍に！

- 3バイトのデータが変換後は4バイトになる
- つまり，データ量は元の4/3になる

● S/MIME

重要

MIMEを拡張して，**認証**と**暗号化**の機能を追加したものです。暗号化アルゴリズムとして**RSA**を使うこと，認証局が発行した**X.509ディジタル証明書**が必要なことを記憶しておきましょう。

こんな問題が出る！

SMTPに関する記述のうち，適切なものはどれか。

ア　SMTPサーバは，SMTPクライアントのHELOコマンドに対して利用できる拡張機能の一覧を応答する。
イ　宛先のメールアドレスが複数ある場合は，SMTPの一つのRCPTコマンドにまとめて指定する。
ウ　差出人のメールアドレスは，SMTPのDATAコマンドに指定する。
エ　迷惑メールの防止のために，メールクライアントからの電子メール送信とメールサーバ間での電子メール転送とで，異なるポート番号を利用できる。

解説

ア　拡張機能の一覧を要求する場合，EHLOを使います。

イ　一つのRCPTで指定できるのは一つのメールアドレスまでです。複数のメールアドレスに送信する場合は，複数のRCPTコマンドを使います。

ウ　送信元メールアドレスはMAILで指定します。

エ　正答です。25番ポートはクライアントからの送信にも，サーバ間の転送にも利用できるため脆弱性が指摘されています。そこで送信専用で認証が必要な587番ポート（サブミッションポート）が使われるようになりました。

解答：エ

合格のツボ

- MIMEは，バイナリデータも送信することができる。動画や写真，音楽ファイルもOK
- S/MIMEでは，受信者がディジタル証明書を取得し，公開鍵を公開する

メール受信のプロトコル

● POP3

重要

POP3は受信側メールサーバに蓄積されたメールを，受信者がクライアントにダウンロードするためのプロトコルです。ユーザIDとパスワードによる認証が最初から実装されています。

クライアントがサーバに対してPOP3コマンドを送信し，それにサーバが返信してメールがダウンロードされます。

▼POP3コマンド

認証時	
USER ＜ユーザ名＞	ユーザ名の入力
PASS ＜パスワード＞	パスワードの入力
QUIT	切断
ダウンロード時	
STAT	状態の通知
LIST	メール一覧表
RERT	メールのダウンロード
DELE	メールの消去（実行はQUIT時）
RSET	DELEコマンドの取消し
QUIT	DELEコマンドを実行して切断
TOP	メールの先頭行を取得

▼POP3応答

＋OK	コマンドが成功したことを表す
－ERR	コマンドが失敗したことを表す

ずいぶん量が少ないですけど，これだけでいいんですか？

ローカルドメインのメールサーバから，自分あてのメールをダウンロードするだけなので，これでいいんです。

POP3は設計が古く，パスワードがクリアテキストで送受信されるなどの欠点を抱えています。そのため，TLSなどと組み合わせ，セキュリティを向上させたプロトコルの出題があります。

▼セキュアな機能を付加したPOP3

APOP	POP3はクリアテキストでパスワードを交換するため盗聴に対して脆弱性がある。APOPではパスワードの交換をMD5によるチャレンジレスポンスで行う。ただし，MD5に脆弱性が報告されている上，一覧や本文はクリアテキストで伝送される
POP3S（POP3 over SSL/TLS）	SSL/TLSによる暗号化コネクションを作り，それを使ってPOP3の通信を行う

● IMAP4

重要

IMAP4はモバイルを想定したメール受信プロトコルです。メールのヘッダだけをダウンロードして，読みたいメールだけ本文や添付ファイルもダウンロードするといった機能が盛り込まれています。通信帯域やCPU資源が乏しい環境でも，快適にメールが使える設計です。

POP3がサーバからメールをダウンロードして，クライアントで管理を行うのに対して，IMAP4ではメールの管理はサーバで行います。あるモバイル機器でメールを読んでも，そのメールはサーバ側に残り，他のモバイル機器で読むことができます。

● POP3S, IMAP4S, SMTPS

メールに関連するプロトコルは成り立ちが古いのであまりセキュリティのことが考えられていません。しかし，対策しようとしてもなかなか新しいプロトコルは普及しません。

そこで従来のプロトコルを，下位プロトコルをTLSにすることでセキュアにしたのがこのシリーズです。それぞれ**POP3S**（POP3 over SSL/TLS：465），**IMAP4S**（IMAP4 over SSL/TLS：995），**SMTPS**（SMTP over SSL/TLS：993）です。オリジナルのプロトコルとポート番号が異なることに注意してください。

● STARTTLS

STARTTLSは利用者の負担を軽減するためのしくみです。例えばPOP3をPOP3Sに変更するためには利用者の端末の設定変更が必要ですが，多くの管理者や利用者にとって負担が大きくなります。そこで，最初は従来どおりのプロトコルで通信を開始し，その後のネゴシエーションで可能になれば，TLSを利用した通信へと自動的に切り替えます。

通信経路が暗号化されるだけですので，受信サーバのメールボックスなどには平文で蓄積されることに注意してください。

こんな問題が出る！

電子メールシステムにおいて，利用者端末がサーバから電子メールを受信するために使用するプロトコルであり，選択した電子メールだけを利用者端末へ転送する機能，サーバ上の電子メールを検索する機能，電子メールのヘッダだけを取り出す機能などをもつものはどれか。

ア　IMAP4　　イ　MIME　　ウ　POP3　　エ　SMTP

解答：ア

対比して覚える！

いっぱいあるメールプロトコルを整理

▼メール送信プロトコル（認証の有無）

SMTP	認証のしくみがない
SMTP-AUTH	MD5などによる認証のしくみを持っている（次節参照）

▼2つのメール受信プロトコル

POP3	クライアントにメールをダウンロードする
IMAP4	サーバにメールを置きつつ，クライアントで閲覧するのが基本 マルチデバイスやモバイル環境で便利

※IMAP4もメールの伝送はクリアテキストで行わる。暗号化する場合，IMAP4S（IMAP4 over SSL/TLS）を利用する

▼メール受信プロトコル（セキュリティ対策）

POP3	クリアテキストで通信する
APOP	パスワードの確認をチャレンジレスポンスで行う
POP3S	TLSコネクションを使って通信する

インターネットの技術

17 メール送信時のセキュリティ対策

出題ナビ

迷惑メールへの対処が出題の中心になります。OP25Bやサブミッションポートなどとあわせて出題されることもあるので，留意しておきましょう。SPFとDKIMは動作手順をよく理解してください。DNSの節を参照して，SPFレコードの書き方もおさえておくと得点源になります。

メール送信のなりすまし対策

● POP before SMTP

POP before SMTPはSMTPに手を加えずに認証を行えるよう工夫したプロトコルです。SMTPによる送信に先立ってPOPの認証機構を使ってパスワードを確認し，そのIPアドレスに対して一定時間のSMTP接続を許可します。

● SMTP-AUTH

SMTP-AUTHはSMTPに認証機構を組み込んだプロトコルです。ユーザIDとパスワードによる認証を行います。従来のSMTPと互換性がないので，クライアント側，サーバ側がともにSMTP-AUTHに対応していないと利用することができません。

▼POP before SMTPとSMTP-AUTHの利点・欠点

	利点	欠点
POP before SMTP	POPを流用するので手軽	POPはユーザを認証しているだけなので，そのIPアドレスからのメール送信を許可するのが，必ずしも正しくない場合がある
SMTP-AUTH	SMTPに直接認証機構が組み込まれることで，より高い水準のセキュリティが実装される	送信側，受信側がともに対応していないと使えない

合格のツボ

- POP before SMTPはあくまで一時しのぎ！
- 同じIPアドレスからメール送信があると，許可してしまう
- 本命はSMTP-AUTHで，だいぶ普及してきた

送信ドメイン認証

重要

POP before SMTPやSMTP-AUTHの欠点は，クライアントに変更を加える必要があることです。そこで，サーバ側だけで対策できる送信ドメイン認証が考えられました。本試験で問われるのは，**SPF**と**DKIM**です。

● SPF

重要

メールを送信する可能性があるIPアドレスの範囲を，**SPF情報**として**DNSで公開**する方法です。受信側メールサーバはDNSに問合せを行い，送信元IPアドレスがSPFで公開されている範囲にあれば正規のメールとして受け付けます（参照：3-14 DNS TXTレコード）。

こんな問題が出る！

送信元を詐称した電子メールを拒否するために，SPF（Sender Policy Framework）の仕組みにおいて受信側が行うことはどれか。

ア　Resent-Sender:, Resent-From:, Sender:, From:などのメールヘッダ情報の送信者メールアドレスを基に送信メールアカウントを検証する。

イ　SMTPが利用するポート番号25の通信を拒否する。

ウ　SMTP通信中にやり取りされるMAIL FROMコマンドで与えられた送信ドメインと送信サーバのIPアドレスの適合性を検証する。

エ　付加されたディジタル署名を受信側が検証する。

解説　送信サーバのIPアドレスは詐称しづらいので，これをDNSで送信ドメインに名前解決して，送信ドメインの詐称がないか確認する技術です。

そのため，送信ドメインを詐称していない迷惑メールは検出できません。

解答：ウ

● DKIM

重要

注意

DKIMは送信側メールサーバがメールに対してディジタル署名を付与する方法です。ディジタル署名はメールヘッダに挿入され，検証するための公開鍵はDNSでTXTレコードとして公開します。受信側のメールサーバは，この公開鍵を取得してメールを検証します。

● DMARC

DMARCはSPFとDKIMの運用を補助する技術です。SPFやDKIMは認証のための規格ですが，認証が失敗したメールをどうするかは受信側に一任されています。DMARCを使うと，送信側が「失敗したときどうしてほしいか」を指定できます（DNSに記述しておきます）。認証に失敗したときには，受信側サーバがその旨を送信元へ返すので，大事なメールが知らないうちに蹴られる事態を減らすことができます。

合格のツボ

- **SPFとDKIM，どちらも受信側サーバで検査を行う**
- **SPFは送信側ドメインのDNSにSPFレコード（IPアドレスの範囲）を追加する準備が必要**
- **DKIMは送信側メールサーバで，ディジタル証明書の準備が必要**

午後問題はこう出る！

X社は，社員250名の出版社である。自社でメールシステムを運用しており，外部メールサーバ，自社のドメインを管理しているDNSサーバ，プロキシサーバをDMZに設置し，内部メールサーバを社内LANに設置している。PCでのメールの送受信には，内部メールサーバとの間でSMTPとPOP3を利用している。PCには固定IPアドレスを割り当てている。PCからインターネットへのアクセスは，プロキシサーバ経由のHTTPとHTTPSだけを許可している。X社のネットワーク構成を，図に示す。

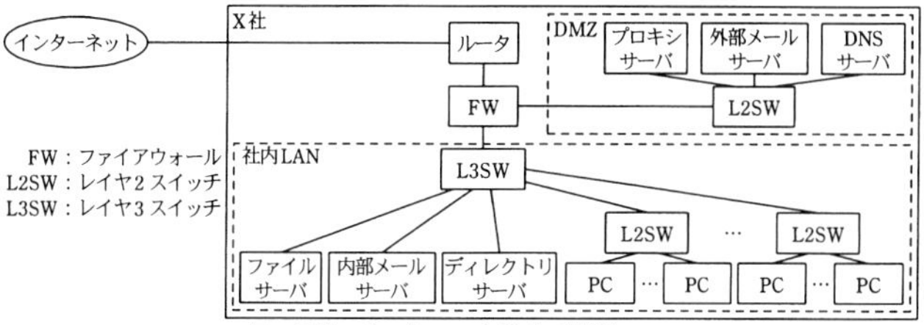

図　X社のネットワーク構成（抜粋）

X社では，情報漏えい防止のため，ファイルサーバを活用してPCにデータを保存しない運用を徹底してきたが，メールデータはPCに保存せざるを得ず，以前から問題になっていた。そこで，X社は，メールの閲覧，作成，送信などをブラウザで行うことができるWebメールへの移行を決めた。また，メールシステムの運用に負担がかかっていることから，ASPであるJ社のメールサービスを利用することにした。

〔J社のメールサービス〕

J社のメールサービスは，PCのメールソフトを利用した送受信にも対応しているが，JavaScriptの非同期通信の機能による，画面遷移が起こらない動的なユーザインタフェースを実現する ア と呼ばれる技術を使ったWebメールの評判が高い。この技術によって，J社のWebメールは，PCのメールソフトと比べてそん色ない機能と操作性を備えている。J社のメールサービスの主な設定項目を表に示す。

表　J社のメールサービスの主な設定項目（抜粋）

設定項目	設定内容
プロトコル設定	クライアントが利用するプロトコルを次から選択する（複数選択可能）。括弧内はTCPのポート番号を示す。 イ (25)，HTTP(80)，POP3(110)，IMAP(143)，HTTPS(443)，SUBMISSION(587)，IMAPS(993)， ウ (995)
アクセス設定	接続を許可するクライアントのIPアドレスを設定する。
Webメール設定	次の機能について，それぞれ有効にするか，無効にするかを設定する。 添付ファイルのPCへのダウンロード機能，メールフィルタリング機能，メール転送設定機能，HTML メールの表示機能，自動返信機能，アドレス帳機能

〔要件の整理〕

X社の企画会議にて，Webメールへの移行について次の要件を決定し，システム管理担当のR君が移行の検討を任された。

- ・インターネット接続回線の高速化は実施しない。
- ・Webメールの利用は社内からの接続に限定する。
- ・PCに保存していたメールデータをWebメールへ移行する。
- ・J社のメールサーバ（以下，ASPサーバという）との通信は暗号化する。
- ・Webメールの利用開始後，PCのメールソフトとメールデータを削除する。

R君は，内部メールサーバのログを調査し，メールのトラフィックを確認したところ，迷惑メールなどPCに取り込んでも読まないメールが多いことが分かった。JavaScriptのコードの読込みなどWebメールの利用によって新たに増えるトラフィックもあるが，メールを読まないことで削減できるトラフィックもあることから，インターネット接続回線の帯域不足は発生しないと判断した。

設問　メールのトラフィック確認について，R君が外部メールサーバのログを利用しなかった理由を，30字以内で述べよ。

解説

X社には外部と内部，2つのメールサーバがあります。

- ・外部メールサーバ：インターネットからのメールを内部メールサーバに転送
- ・内部メールサーバ：外部から到着したメールと，内部からインターネットへ送信されるメールの処理

外部メールサーバは転送にしか使われていませんので，ここのログに残るメールはすべて内部メールサーバのログにも残ることになります。重複するため，外部メールサーバのログを利用する必要はありません。

解答：内部メールサーバにすべてのメールのログが記録されるから

18 HTTP

出題ナビ

Webサーバの問題は直接的にも間接的にもまんべんなく出題されます。そのなりたち，XMLとの相違点，通信プロセスの流れなどを広く知り，どんな問題にも対応できる地力をつけておくことが重要です。メソッドを書かせる出題もあるため，主要メソッドはスペルも含めて理解しておきましょう。

HTTPとは

注意

HTTPはHTMLを送受信するためのプロトコルで，下位プロトコルとしてTCPを使います。Well-Knownポートとして**TCP80番**が予約されています。Webクライアント（ブラウザ）とWebサーバ間で，対話型の通信を行います。HTML以外のデータの送受信にも使われています。

なんでHTML以外のデータをやり取りするのにHTTPを使うんですか？

TCP80番ポートは一般的に使われていますから，ファイアウォールの設定を変更せずに新たな通信を追加できる利点があります。

HTTPと関連の深いプロトコルとして，以下の2つを挙げておきます。

	内容	利点	欠点
SGML	HTMLのベースとなった構造化文書記述言語。厳密で扱いにくい。タグを独自に定義できる	高機能，高汎用性	厳密な運用が必要，使いにくい
XML	SGMLベースの記述言語。扱いやすく，利用者がタグを独自に定義できる	高機能，高汎用性	SGMLと比較すると簡易だが，定義等は自分で行う

HTTPの通信

● HTTPメソッド

重要

HTTPはクライアントがコマンドを送信し，サーバがそれに返答する対話型で通信プロセスが進んでいきます。通信に使われる**HTTPメソッド**には，次のようなものがあります。

▼HTTPメソッド

メソッド名	内　容
GET	指定URLのデータを取得する。バージョン情報の交換も行う
HEAD	メッセージのヘッダを取得する
PUT	指定URLへデータを保存する
DELETE	指定URLのデータを削除する
POST	指定URLにデータを送信する
CONNECT	送信元とあて先の間にトンネルを作る：プロキシサーバ上を透過させたいときに使う

通常，Webページの取得はGETコマンドを使って行われます。このとき，バージョン情報の交換も行われ，合致しない場合は互いに使えるバージョンをすり合わせます。HTTP1.1以降では，伝送終了後もコネクションを維持する**キープアライブ機能**が実装されました。HTTPでは多くのメッセージをやり取りしますが，その都度TCPのコネクションを開いて，閉じてを繰り返すと3ウェイハンドシェイクなどでオーバヘッドが大きくなります。これを削減するために，1つのTCPコネクションを維持して複数のメッセージを送受信するわけです。

● HTTPヘッダ

送信するデータ本体ではなく，付帯情報を記述した箇所です。次のようなヘッダが用意されています。

▼主なHTTPヘッダ属性

ヘッダ属性	意味	どこで使うか
Authorization	認証情報	リクエスト
Referrer	どこからリンクしてきたかのURI	リクエスト
User-Agent	ブラウザの種類とバージョン	リクエスト
Cookie	クライアントがサーバにCookieを渡す	リクエスト
Set-Cookie	サーバがクライアントにCookieを格納する	レスポンス
Content-Type	ファイルの種類や文字コードの種類	リクエスト／レスポンス
Server	サーバソフトの種類やバージョン	レスポンス
Location	リダイレクト先のURI	レスポンス

Referrer属性にはURIが格納されるので，クエリストリングにIDやパスワードなどが含まれるパターンに注意が必要です。

Cookie属性では，サブ属性としてドメインやセキュアを指定できます。ドメイン属性で指定したドメインにのみクッキーを送信します。セキュア属性が指定されていると，httpsで通信が暗号化されているときにのみクッキーを送信するようになります。

● HTTPレスポンス

クライアントの要求に応えて返信される**HTTPレスポンス**は，SMTPなどと同様に，百番台の数値を読めば，どのような通知が返されているか概ね理解できるようになっています。

▼HTTPレスポンス

200～300番台：肯定的なレスポンス	
200	OK
305	Use Proxy

400番台：クライアント起因のエラー	
401	Unauthorized
403	Forbidden
404	Not Found
414	Request-URI Too Large

500番台：サーバ起因のエラー	
500	Internal Server Error
504	Gateway Time-out
505	HTTP Version not Supported

出題実績から覚える！

GETとPOST

頻出事項。どちらもWebサーバに情報を送るメソッドだが，送り方の違いが午後問題に織り込まれる。

- GET……URLの一部に，クエリストリングとして埋め込む
- POST……メッセージのボディに埋め込む

Webサーバへの情報送信はPOSTを基本に設計されている。GETで情報が送れるのは必要な引数を渡すためで，POSTよりも文字数の制約が厳しく，安全確保が難しい。ここにリスクがあることが出題される。

合格のツボ

HTTPでは

- Well-KnownポートはTCP80番
- HTMLを運ぶためのものだがそれ以外のデータも送信可能
- メソッドの出題はアリ。最低でもGETとPOSTは頭に入れる

● WebDAV

サーバ上のディレクトリやファイルを管理するためのプロトコルです。HTTPのオプションなので，例えばファイアウォールがFTPを許可していない環境でも利用できます。

こんな問題が出る！

HTTPのGETメソッドとPOSTメソッドに関する記述のうち，適切なものはどれか。

ア　GETの実装は必須であるが，POSTはオプションである。
イ　GETはサーバへの送信，POSTはサーバからの応答である。
ウ　POSTの応答はキャッシュされるが，GETはキャッシュされない。
エ　POSTはサーバのCGIを起動できるが，GETは起動できない。

解説

正答はアですが，覚えておきたいのは選択肢イに関する知識です。GETもPOSTもクライアントからサーバへ情報を送信するのに使われます。

	送信データの扱い	送信できる情報量
GET	URLに埋め込む	小さい
POST	メッセージボディに埋め込む	大きい

GETはURLに情報を含めるため，他のサーバからの参照，ログへの記録に注意する必要があります。

解答：ア

● WebSocket

アプリケーションから通信機能を利用するときのインタフェースをソケット（Socket）と呼びます。例えば，TCPソケットであればTCPポート番号とIPアドレスがあれば，それ以外のことは意識せずにアプリから通信機能を使うことができます。

http 自体がTCPソケットを利用した通信プロトコルですが，Webアプリケーションが普及すると，

・クライアントからしか通信をスタートできない
・ページを移動しないとデータを送受信できない

といった仕様が短所になりました。そこで**XMLHttpRequest → WebSocket**のように技術が発展してきました。どちらもHTTPを利用して，XMLHttpRequestではページ遷移なしにデータ送受信ができ，WebSocketでは送受信データはXMLに縛られることなくサーバからもプッシュ通信ができます。

こんな問題が出る！

WebSocketの説明として，適切なものはどれか。

ア　HTTPを拡張したプロトコルであり，通信メッセージはXML形式

で記述される。

イ　URIのスキームにhttp又はhttpsを使用し，HTTPやHTTPSと同じポート番号で通信する。

ウ　双方向通信を行う仕組みであり，サーバ側からもクライアントにWebSocketの接続開始を要求できる。

エ　通信はGETメソッドで始まり，クライアントとサーバ間でハンドシェイクをして接続が確立する。

解説　通信インタフェースのことをソケットと呼び，HTTPではXML HttpRequest→WebSocketと進化しています。HTTPの手順と同じくGETコマンドで通信を開始しますが，その後は任意のデータを双方向でやり取りでき，サーバからプッシュ型通信をすることも可能です。

解答：エ

URI

URIはどの資源にアクセスしたいかを指定する，統一書式です。HTTP以外でも利用する書き方ですが，ここで覚えてしまいましょう。

図と表で覚える！

URIの書き方

スキーム:// ノード名：ポート番号 / パス

スキーム	どんな手段で資源にアクセスするかを記述する。日常的に使うスキームとしては，http，ftp，mailtoなどがある
ノード名	資源が格納されているマシンを指定する。FQDNでもIPアドレスでも構わない
ポート番号	ノードのどのポート番号に接続すれば資源にアクセスできるかを書く。httpの場合であれば，Well-knownポートであるTCP80番を指定することになる
パス	ノード内のファイルシステムのどの場所に資源が格納されているのかを書く。省略した場合は，サーバが指定するトップページが表示される

あれ？ スキームとかポート番号とか，入力したことないんですが…。

Webページの場合，スキームがhttp，ポート番号がTCP80番であることは容易に推定できます。そのため普段は，入力しなくても，ブラウザが自動的に補ってくれているのです。

合格のツボ

URIでは

- スキームにはプロトコルが書かれることも，そうでないこともある
- メール送信のスキームとして，SMTPなどとしないように注意

午後問題はこう出る！

…中略…

HTTP/1.0が公開されたころのHTTPの実装では，1組のリクエストとレスポンスごとに，TCPコネクションの確立と切断が行われていた。図3に，HTTPクライアントがGETリクエストを用いて，HTTPサーバからWebページの情報を取得する際の通信シーケンス例を示す。

図3において，利用者から見たHTTPサーバの応答時間（以下，TATという）は，t1～t9の総和となる。HTTPクライアントの処理に着目すると，TATは次の三つに分割できる。

・TCPコネクションの確立完了までの時間：t1＋［　エ　］

・TCPコネクションの確立完了から，ダウンロードの完了までの時間：［　オ　］

・ダウンロードの完了から，TCPコネクションの切断と情報の表示がともに完了するまでの時間：［　カ　］＋t9

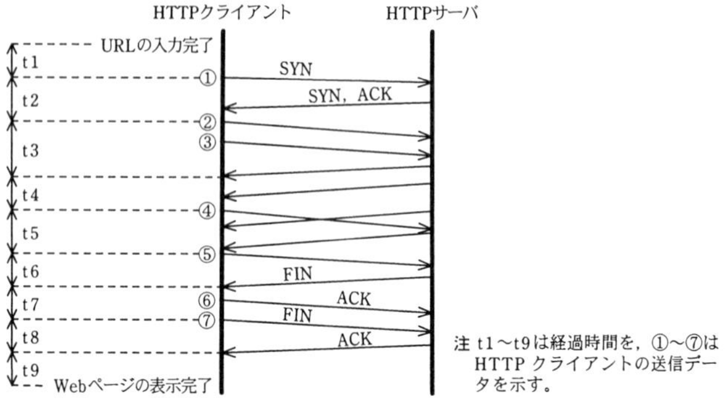

図3　HTTPに関する通信シーケンス例

HTTP/1.1において定義されている“永続的接続（Persistent Connections）”を用いると，複数組のリクエストとレスポンスが同一のTCPコネクションの中で実行できる。これによって，通信オーバヘッドが削減される。

多くのHTTPクライアントはキャッシュをもっており，取得する情報がキャッシュにある場合，その情報の最終更新時刻を付与したGETリクエストを送信する。キャッシュの情報が最新である場合，HTTPサーバは“304 Not Modified”のレスポンスだけを返す。これによってTATが短縮される。図3のHTTPクライアントがキャッシュをもち，問合せの結果，キャッシュにある情報が最新であると確認できた場合，そのTATは，図3で示されているTATに比べて，[キ]だけ短縮される。

HTTPクライアントは，“先読み機能”を実装している場合もある。先読み機能とは，参照中のWebページに含まれるリンク情報を用いて，利用者が次に読み込む可能性のある情報を先読みし，キャッシュに蓄積しておく機能である。

…中略…

設問　本文中の[エ]～[キ]に入れる適切な時間を，図3中のt1～t9を用いた数式で答えよ。

解説 【空欄エ】

TCPコネクションの確立完了までの時間ですから，利用者の視点だとURLの入力完了から3ウェイハンドシェイク開始までの時間（t1：①でSYNが送信されていることで分かる）＋3ウェイハンドシェイク終了までの時間（t2：③でGETが送信されている）と言い換えることができます。

【空欄オ】

GETの送信から，最後のレスポンスを受け取るまでです。GETは③で送信されていて，それに対する最後のレスポンスがクライアントに着信しているのは⑤です。図の表記にあわせると，t3+t4+t5です。

【空欄カ】

ダウンロードの完了は⑤の時点です。表示の完了はt9終了後であることが図中に明示されています。したがってt6～t9ですが，t9は空欄カに続いて問題文中に記述されているので，重複しないように注意します。

【空欄キ】

キャッシュを使う場合でも，3ウェイハンドシェイクやGETの送信は省くことができません。その結果，送られてくる304メッセージを確認してキャッシュにアクセスするからです。結局，省略することができるのは，データのダウンロード部分のみとなります。具体的には，GETに対する返信が到着してから，最後のデータを受信するまでの手順（t4+t5）が短縮されます。

解答：エ：t2，オ：t3＋t4＋t5，カ：t6＋t7＋t8，キ：t4＋t5

19 その他のアプリケーション層プロトコル

出題ナビ

FTPは枯れた技術で，出題者も問題を作りにくいかもしれません。ヤマをかけるならSIPです。SIPサーバはセッションを仲介するだけで，音声データはVoIP端末間で直接やり取りされている点に注意しましょう。SIPの接続手順は図化した出題もありますが，流れを理解しておけば対応できます。

FTP

FTPはファイルを送受信するためのプロトコルです。出題ポイントは，パスワード認証機構があること，制御用とデータ転送用の2つのTCPコネクションを張ることです。

匿名でFTPを行うことを**Anonymous FTP**といいます。Guestアカウントを使うことで，不特定多数の利用者がファイルをダウンロードできるようにします。

● パッシブモード

FTPのデータコネクションはサーバからクライアントに接続しますが，クライアントがあるLANのファイアウォールによって，遮断されてしまうことがあります。その場合，クライアント側からデータコネクションを開きます。これを，**パッシブモード**と呼びます。

▼主なFTPのバリエーション

FTP	ファイル転送プロトコル。TCPを使う
TFTP	FTPの簡易版。認証機構なし。UDPを使う。高速
SFTP	SSHを使って，ファイル転送を暗号化する
FTPS	SSL/TLSを使って，ファイル転送を暗号化する

合格のツボ

FTPでは
- コネクションは，データ転送(TCP20番)，制御(TCP21番)の2つ
- FWなどでサーバから接続できないときは，パッシブモードを使う

Telnet

Telnetは遠隔ログインを行うプロトコルです。サーバに接続し，クライアント上の仮想端末から操作できるようにします。Well-Knownポートとして**TCP23番**が割り当てられています。

LDAP

利用者や端末を管理する**ディレクトリサービス**です。WindowsのActive Directoryなどで使われています。

インターネット上の電話サービス

重要

インターネット上で電話サービスを行うためには，**音声伝送技術**と**呼制御技術**（通信路の確保，転送，切断）の2つが必要です。前者にはVoIP，後者にはSIPが使われます。

● VoIP

VoIP（Voice over IP）は，音声を圧縮するコーデックなどを取り決めたプロトコルです。ほとんどの場合，**RTP**（UDPをベースにした高速プロトコル）を利用します。

既存電話機の接続	IP電話アダプタを使う
既存電話網の接続	VoIPゲートウェイを使う

● SIP

SIPは，呼制御を行うためのプロトコルです。呼制御には①電話番号とIPアドレスの対応管理，帯域管理，②セッションの開始と終了の管理，の2つの要素があります。

インターネット電話を使うための機器として，これらを行うのが**SIPサーバ**です。プロトコルを当てはめると，帯域管理が**RSVP**（Resource reservation Protocol），セッション管理が**SIP**です。

3ステップで覚える！

SIPの接続手順

① VoIP端末は，SIPでVoIPゲートウェイに発呼を要求する
② VoIPゲートウェイはアドレス解決，RSVPによる帯域確保を行う
③ VoIP同士のセッションが確立する

複雑ですね。SIPが音声を伝達するってこと？

SIPはお見合いおばさんみたいなもので，VoIP端末同士の出会いまでを担当します。
後は若い二人でご勝手に…ということで，RTPがVoIP端末間を直接結びます。

合格のツボ

- VoIPは音声データをパケットにカプセル化して，IP網で伝送する技術
- 既存の電話網とは，VoIPゲートウェイで接続
- 主要なプロトコルは，制御系のSIPと伝送系のRTP

こんな問題が出る！

VoIPにおいて，ユーザエージェント間のセッションの確立，変更，切断を行うプロトコルはどれか。

ア　RTCP　　　イ　RTP　　　ウ　SDP　　　エ　SIP

解説　セッションの確立と管理にはSIPが，音声パケットの伝送にはRTPが使われます。

解答：エ

第 4 章

仮想化・効率化の技術

仮想化・効率化の技術

01 VLAN

出題ナビ

VLANは頻出で，午後問題の前提条件として顔を出すときもあります。ポートVLANとタグVLANはどちらも確実におさえておきましょう。IEEE 802.1Qの出題では，かなり突っ込んだ例もあります。ただ，あまりにマニアックな出題は対策しすぎないことも重要です。

VLAN

重要

VLANは仮想的にネットワークを分割する機能です。ケーブルの再配線等を行わず，設定の変更等で「仮想的に」ネットワークを構築します。VLANはポートVLANとタグVLANの2つに分けられます。

● ポートVLAN

スイッチの1，2番ポートがVLAN1，3，4番ポートがVLAN2というように，ポートごとにどのVLANに属するかを決めるやり方です。2番ポートにつながっているPCをVLAN2に移したければ，2番ポートの設定をVLAN2に切り替えます。

● タグVLAN

ポートではなく，イーサネットフレームに**VLANタグ**と呼ばれるVLANに関する情報を挿入することでVLANを作るのがタグVLANです。VLANタグの仕様は**IEEE 802.1Q**で定められています。1台のPCが2つのVLANに参加できるなど，柔軟性が高いのが特徴です。接続されている機器がどのVLANに属しているかは，VLANタグ内に書かれる**VLAN ID**で示します。

注意

▼ポートVLANとタグVLAN

	長所	短所
ポートVLAN＝ポートでVLANを識別する	シンプル	VLANの構成が物理的な結線に依存する
タグVLAN＝イーサネットフレームにVLANタグを追加する	1つのノードが，複数のVLANに参加できるなど，柔軟性が高い	ポートVLANに比べると設定が複雑

イーサネットフレームに勝手にタグを足して大丈夫なんでしょうか？

IEEE 802.1Qでちゃんと定められているから大丈夫です。タグの中には，タグVLANであることや，VLAN IDが書かれています。

● VLANタグ

重要

タグVLANを使うためには，L3スイッチがIEEE 802.1Qに対応していて，イーサネットフレームに挿入されたVLANタグを読み取れなくてはいけません。IEEE 802.1Qでは，通常のイーサネットフレームの送信元MACアドレスと長さ／タイプの間に4オクテットの領域を追加して，VLANタグを挿入します。

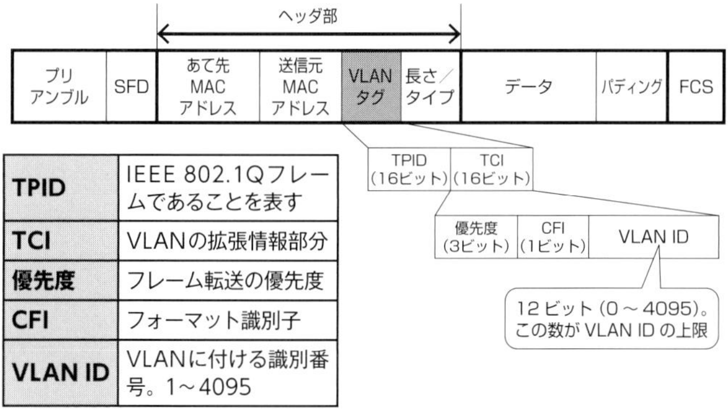

TPID	IEEE 802.1Qフレームであることを表す
TCI	VLANの拡張情報部分
優先度	フレーム転送の優先度
CFI	フォーマット識別子
VLAN ID	VLANに付ける識別番号。1～4095

▲VLANタグの挿入とVLANタグの仕様

● IEEE 802.1Qトンネリング

VLANを使っている複数の企業を収容するような基幹ネットワークでは，VLAN IDの重複が生じてしまう可能性があります。そこですでについているVLAN IDにさらに別のVLAN IDを加えてパケットをカプセル化することで問題を回避します。これを**IEEE 802.1Qトンネリング**といいます。

しかし，VLAN IDは範囲が0～4095と決まっていて運用の柔軟性にも限りがあるので，現在では**OpenFlow**などの**SDN技術**に注目が移行しています。

合格のツボ

- VLANはポートVLANとタグVLANの2種類
- タグVLANは，イーサネットフレームにVLANタグを追加して使う
- タグVLANはVLANの種類，VLANタグはタグVLANを使うときにフレームに埋め込む情報なので混同に気をつけて！
- VLANタグ内のVLAN IDでどのVLANに属しているかを識別
- タグVLANでは，あるPCが複数のVLANに属することもできる
- VLAN IDが重複すると通信障害になるので注意！

覚えにくいを覚えやすく

バーチャルなネットワーク，VLANとVPNは何が違う？

- **VPNはWANで使う**

インターネットという公共で共有なネットワークの中に，自分専用の回線を作る感じ

- **VLANはLANで使う**

LANの構成をケーブルのつなぎ方でなく，スイッチの設定によって決める感じ

午後問題はこう出る！

C社は，P銀行グループのITサービス会社であり，グループ内企業（以下，顧客という）を対象に，システムの開発及び運用を行っている。開発が完了した顧客システムの多くは，C社が保有するデータセンタ（以下，DCという）に設置され，C社が運用している。運用形態は，顧客又は業務によって，ホスティングやハウジングなど様々である。

C社では，顧客のシステム開発は，担当部門を分けて対応している。顧客システムが，大型コンピュータから分散システムへと移行するに従い，統一されていた運用や管理が，担当部門ごとの管理になった。ネッ

トワーク（以下，NWという）も，大型コンピュータと端末間を接続するという形態だった頃には，運用部門での一元管理が可能だったが，DC内に顧客システム用NW（以下，顧客NWという）が個別に構築されるようになると，一元管理が困難となった。DC内にあるTCP/IPによるNWの現状と問題を整理すると，次のとおりである。

・顧客システムごとにNWが存在し，IPアドレスとVLAN IDは，各担当部門が管理している。

・顧客システムのサーバやNW機器などを監視するサービスを行うための監視サーバと，それを顧客システムに接続するNW（以下，監視NWという）がある。

・C社が保有する大型コンピュータと顧客システム側のサーバ間で転送を行うNW（以下，転送NWという）がある。

・監視NW，転送NWは，運用部門が管理しており，顧客NWとの接続に当たっては，それぞれファイアウォール（以下，FWという）を設置している。

・大型コンピュータの運用端末，監視サーバ用の監視端末は，運用監視エリアに設置され，運用部門の担当者が操作を行っている。

・顧客システムの中には，運用端末を運用監視エリアに設置するものもある。

・NWの中には，2階と3階など，フロア間をまたがって構築されているものがあるが，フロア間配線の資源に余裕がなくなってきた。

・管理不十分な状態でNWが接続されてきたので，あるシステムのイーサネットフレームのループ発生による障害が，他のシステムに影響を与えたことがある。

これらの問題を解決するために，運用部門のNW担当のD君が，DC内の共通基盤としてのNW（以下，NW基盤という）を構築し，新たな顧客システムを皮切りに順次適用していくことになった。D君が考えたNW基盤の構成案を図1に示す。顧客システムは複数階に存在するが，図1では4階部分だけを抜粋している。

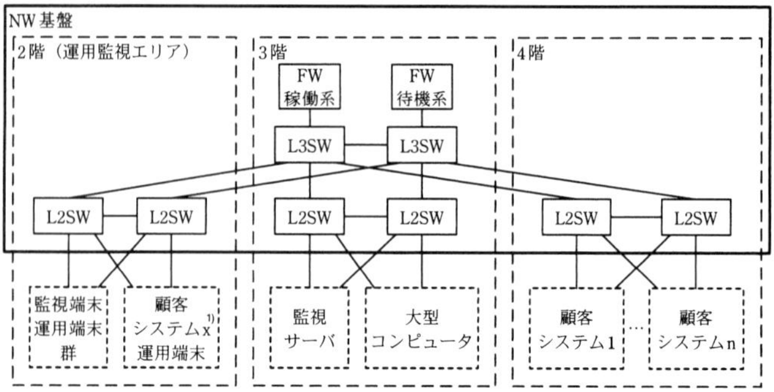

L2SW：レイヤ2スイッチ　　L3SW：レイヤ3スイッチ

注 1)　xは，1からnのいずれかを表す。

図1　NW基盤の構成案

NW基盤には，複数のNWが収容されるので，それぞれのNWは，独立した環境を維持できるようにする方針である。特に，顧客システムがNW基盤を使用する際には，顧客システム側でIPアドレスとVLAN IDなどの変更を行わないで済むように設計した。D君の構成案において，取り入れた主な技術要素は，次のとおりである。

〔IEEE 802.1Qトンネリング〕

VLAN用のタグは，32ビットで構成され，VIDには12ビットが割り当てられる。しかし，VLANを使用する複数の顧客に対して，物理的に共用するNWを提供する場合，幾つかの問題が発生してしまう。そこで，ある顧客のIEEE 802.1Qタグ付きのイーサネット通信（以下，VLAN通信という）を，他の顧客の設定に影響を与えずに，NW基盤を経由して転送させるには，IEEE 802.1Qトンネリング技術が必要となる。

このトンネリングは，顧客のVLANタグ付きのパケットを，更に別のVLANタグを付けることによってカプセル化する。これは，IEEE 802.1adによって標準化されている。例えば，同一セグメント上の異なるフロアにある顧客αのサーバ間において，VLANトンネリングを適用してサーバ1（以下，SV1という）からサーバ2（以下，SV2という）にフレームを送った場合のフレーム構成は，図2のようになる。図2中の①～③はフレーム番号であり，各フレームの送信箇所で採取されたフレームを表す。DAとSAには，それぞれ該当機器の宛先アドレス，送信元アドレスが入る。

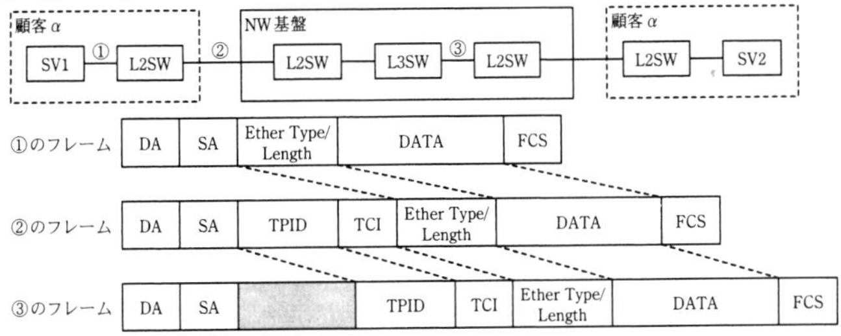

注記　設問のため，網掛け部分を省略している。

図2　VLANトンネリング時のフレーム

…中略…

設問　〔IEEE 802.1Qトンネリング〕について，図2を参照し，(1)，(2)に答えよ。

(1) SA及びDAのアドレスの種別を答えよ。

(2) フレーム番号③の網掛け部分を適切に分割し，フィールド名を記入せよ。

解説　【1】

タグVLANで使われるフレームは，基本的にイーサネットフレームであることを忘れないでください。図2を見ると分かるように，通常のイーサネットフレームの真ん中に，TPIDとTCIを足したのがタグVLANのフレームになります。したがって，DA（あて先アドレス），SA（送信元アドレス）には，通常のイーサネットフレームと同じくMACアドレスが入ります。

【2】

さらにトンネリングを重ねるわけですから，またVLANタグを足す必要がでてきます。フレーム①にTPIDとTCIを足してVLANフレームにしたフレーム②に，さらにTPIDとTCIを足すことになります。したがって，TPID，TCIを解答すれば正答が得られます。

解答：(1) MACアドレス

(2) ※下記アミカケ部分が解答

DA	SA	TPID	TCI	TPID	…

02 無線LANと仮想化

出題ナビ

仮想化は現代のネットワークのトレンドになっており，無線LANもその例外ではありません。仮想化する利点と欠点は，有線ネットワークと同様ですから，効率よく記憶したいところです。通信帯域に制限がある無線LANでは，特に帯域割当の管理とサービス品質の確保に効果があります。

データオフロードと無線LAN

個人情報端末をネットワークに接続する技術には，WiMAX，Bluetooth，4G回線などがありますが，最も多いのは無線LANです。屋外でも駅やカフェなどを中心に無線LANネットワークがどんどん整備されています。

この状況には，携帯電話やスマートフォンのサービスを提供する移動体通信事業者の事情も大きく関わっています。3G回線や4G回線などの周波数帯は逼迫しており，新たに収容する機器を増やすのは難しい状況です。そこで，3G回線や4G回線を使うスマートフォンなどでも，駅やカフェなど，無線LANが使える状況ではそちらを使って欲しいのです。回線の混雑を緩和することができるこの手法を，**データオフロード**といいます。

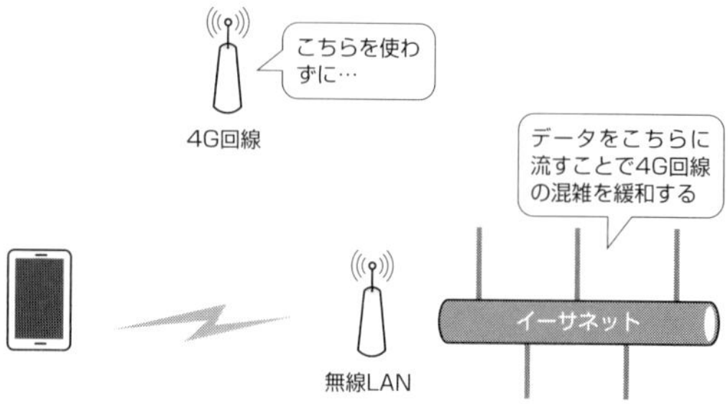

▲データオフロード

無線LANの仮想化

無線LANが公共の場で使われるようになると，不都合が生じることもあります。ネットワークが混雑した場合にはすべての端末で遅延が生じるため，データオフロードなどで優先度の高い通信を行っている端末では，サービス品質の低下につながるわけです。

この問題に対応するために，**無線LANの仮想化**を用いることがあります。ある無線LANのネットワークを一般用と優先用のネットワークに分けて，緊急用の通信やリアルタイム性が要求されるVoIPなどの通信を優先用ネットワークに振り分けるのです。

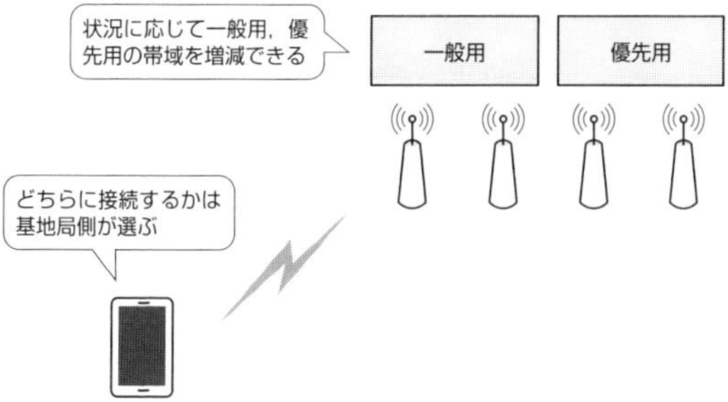

▲無線LANの仮想化は基地局側で

わざわざ仮想化しなくても，一般用と優先用の無線LANを組めばいいのでは？

どちらの無線LANにつなぐか，利用者が選ぶのは負担ですよ。仮想化しておけば，基地局側でいつでも割当を変更でき，通信帯域を有効活用できます。
例えば，同一端末で同時に通信するときも，通信の種類によって別の無線LANにパケットを送信できます。

03 仮想化の技術

出題ナビ

いろいろな仮想化があるので，出題されたら問題文をよく読んで誤解がないように解答することが重要です。「資源の抽象度を高める」ため，利用者の視点では資源を扱いやすくでき，可用性や保守性に寄与します。一方で，システムとしては複雑になるため，管理負荷は増大することがあります。ハイパーバイザは専用ハードを使います。

仮想化とは

資源の抽象度を高めて，使いやすくすることです。例えば

- 192.168.0.1か192.168.0.2のサーバにアクセスすると，サービスが受けられる
- どちらか1台のメンテナンスがよく実施されている

このような状況では常に「どちらにアクセスすればよいのか」を考えることになります。この2台のサーバに例えばwww.gihyo.co.jpという抽象度の高いアドレスを与え，使える方のIPアドレスに通信を振り分けるようにすれば，利用者は難しいことを考えずにサービスを受けることができます。これが仮想化の効果です。

サーバ仮想化

仮想化技術を使うと，複数の物理マシンをまとめて1台の仮想マシンとして扱ったり，1台の物理マシン上に複数の仮想マシンを設置することができます。これらを**サーバ仮想化**と呼びます。

サーバ仮想化を行うと，運用の柔軟性と可用性が増します。例えば，物理マシンをまとめているケースでは，物理マシンが1台壊れても他の物理マシンが仮想マシンの実行を維持できます。また，1台しか物理マシンがなくても，仮想マシン上で複数のOSを同時実行することも可能です。

合格のツボ

サーバ仮想化で覚えておきたい用語

- ゲストOS……仮想マシン上で実行するOS
- ホストOS……物理マシン上で実行するOS

コツ

ホストOSにあたる部分をハードウェア化した**ハイパーバイザ**と呼ばれるシステムもあり，過去に出題例があります。

ホストOS型は，一般的なパソコンなどでも仮想化ソフトをインストールできる手軽さが特徴です。ハイパーバイザ型は専用ハードウェアを必要としますが，動作が高速で安定しています。

どちらの型でも，仮想マシン上で実行するOSは，ゲストOSと呼びます。

ネットワーク仮想化

サーバ同様に，ネットワークの仮想化もメリットの大きな技術です。業務手順や事業部の再編で，ルータを動かし，設定を変え，ケーブルの抜き差しをするのは大変です。輻輳時にある回線を別のネットワークに素早く振り分けたいこともあるでしょう。これを実現するのが**SDN**（Software-Defined Networking）で，物理的な機器構成やケーブル構成を変更することなく，ソフトウェア上でネットワークの管理や変更を行います。

VPNもネットワークを仮想化する技術の1つですが，自由度が小さいため，SDNといえばOpenFlowなどの技術を指すことがほとんどです。

● OpenFlow

OpenFlowは**SDN**を行うための標準規格の1つです。ルータやスイッチには通信の管理と伝送という2つの機能が複合しています。OpenFlowではこれを管理のみ，伝送のみに分離するのが特徴です。

コントローラに管理機能を，スイッチ（OpenFlowに対応したルータやスイッチ）に伝送機能を集約して，この2つを結びます（OpenFlowチャネル）。結ぶためのネットワークはイーサネットなどで構いませんが，伝送経路とは別に確保してTCPやTLSを使って通信する必要があります。コントローラが指示したフローはOpenFlowチャネルを通じてスイッチに伝送され，フローテーブルに保存されます。スイッチはこのフローテーブルを参照して，通信を制御します。コントローラが通信フローを一元管理することで，単機のルータがルーティングを行うよりも全体最適化された通信を実現しやすくなります。

こんな問題がでる！

OpenFlowプロトコルを使用するSDN (Software-Defined Networking) において，コントローラとOpenFlowスイッチ間の通信に関する記述として，適切なものはどれか。

ア　オーバヘッドを避けるためにUDPやTCPは使用せずIPを直接使用する。
イ　信頼性や安全性を確保するためにTCPやTLSを使用する。
ウ　パラレル伝送を行うためにSANで利用されるファイバチャネル上のSCSIを使用する。
エ　リアルタイム性に関する要求を満たすためにUDPを使用する。

解説　OpenFlowではコントローラとスイッチの間はIPネットワークなどの既存技術で結びます。コマンドのやり取りはTCPやTLSを使って信頼性を担保します。SDNを実現する主要な技術と位置づけられていますが，詳細な実装はベンダごとに差異があり名前ほどオープンなネットワークが組めるわけではありません。

解答：イ

午後問題はこう出る！

…中略…

〔サーバ仮想化の検討〕
物理サーバ上に，仮想化機構を動作させるためのOSを必要としない，［　ア　］方式と呼ばれる方式は，仮想サーバの動作の安定性，仮想化を支援するハードウェアによる性能向上などを背景に普及しつつある。仮想化機構は，仮想サーバの実行制御，及び仮想サーバと外部のネットワークやストレージデバイスとの接続制御を行う。

…中略…

設問　本文中の［ ア ］に入れる適切な字句を答えよ。

解説　「仮想化機構を動作させるためのOS」とは，ホストOSのことです。仮想化ソフトを動作させる箇所がホストOSであるか，ハードウェアであるかは仮想化システムの区分け上，重要です。前者はホストOS型，後者はハイパーバイザ型と呼ばれます。

解答：ハイパーバイザ

VDI

重要

VDI（デスクトップ仮想化）とは，クライアントPC（デスクトップ）を仮想化する技術です。サーバ上に仮想デスクトップを用意し，クライアントPCはそこに接続することでデスクトップ環境を利用できるようになります。

シンクライアントの一種ですが，一般的なシンクライアントでは利用者の誰かがCPUなどのリソースに負荷をかけると，他の利用者にも影響が出る恐れがあります。VDIであれば，利用者1人1人に仮想マシンが割り当てられるので，影響を受けにくくなります。

そんなことをしてなんの得があるんですか？

サーバで動作するので，手元のPCが低スペックでもサクサク動きます。
サーバに資源が集中するのでセキュリティが向上します。メンテナンスもラクです。

午後問題はこう出る！

H社は，従業員数600名の産業用機械製造・販売会社であり，本社と8か所の支店がある。H社では，全従業員に1台ずつデスクトップPCを貸与している。他拠点への出張が多い従業員と，外出が多い営業部員には，社外持出し用PCも貸与している。社外持出し用PCは，出張先で業務システムから業務データを取り出せるように，拠点の社内LANに接続して業務システムを使うことが許可されている。

また，営業部員にはリモートアクセス環境が提供されている。H社には20の業務システムがあり，全てデータセンタ（以下，DCという）に設置されているが，現在リモートアクセス環境で利用できる業務システムは，営業支援システムだけである。

現在H社では，PC管理の効率化，及び従業員の利便性向上を目的として，デスクトップ仮想化によるシンクライアント環境（以下，VDIという）の導入の準備をしており，社内で利用しているデスクトップPCをVDIに置き換えることが，既に決定している。H社のVDIの概要を図1に示す。

(a) 仮想化ソフトウェアが動作するサーバ（以下，VDI サーバという）が DC に設置されており，その上で最大 50 台まで稼働する仮想化された PC（以下，V-PC という）に，利用者がクライアント端末から接続する。
(b) 社内で利用しているデスクトップ PC は全て回収し，デスクトップ PC 型のシンクライアント端末（以下，DT という）を全従業員に貸与する。また，①本社及び支店に，共用端末として数台の DT を設置し，他拠点から出張中の従業員が利用できるようにするとともに，出張時の PC 利用に関するルールを設ける。
(c) DT から V-PC にキーボード及びマウスの入力が送信され，V-PC から DT に画面情報が送信される。
(d) 管理者は，ウイルス対策ソフトがインストールされ，ウイルス定義ファイルの自動更新が有効にされたマスタイメージを作成する。
(e) 利用者は，管理者が最新のマスタイメージから複製する V-PC を利用する。
(f) V-PC を利用するには，DT から V-PC 接続ソフトを使って，VDI 接続サーバに接続する。VDI 接続サーバは利用者を認証した後で，DT と V-PC を接続する。
(g) VDI 接続サーバでの利用者認証後，シングルサインオンによって，利用者は自動的に V-PC にログオンするとともに，追加の利用者認証なしで全ての業務システムを利用できる。
(h) 利用者が V-PC をログオフすると，その V-PC は解放され，複製時の状態に初期化される。次回のログオン時には初期化された V-PC に接続される。
(i) 利用者が V-PC をログオフせずに，V-PC 接続ソフトを終了するか，又は DT の電源を切ると，V-PC の状態は維持され，次回の接続時にはその V-PC に接続される。
（以下，省略）

図 1　VDI の概要

…中略…

設問　H社は従業員数600人で，全従業員に1台ずつデスクトップPC

を貸与しているにもかかわらず，今回のシンクライアント化で用意されるV-PCは最大50台である。なぜ，このように少ない台数で運用できるのか，その理由を30字以内で述べよ。(著者による設問)

解説 問題文にもあるように，H社には他拠点への出張が多い従業員と，外出が多い営業部員が在籍しています。また，内勤の従業員全員が同時にDTを使って業務をするわけでもありません。V-PCは同時にアクセスされる台数だけあればよいので，この場合は従業員数と同等の数を用意しなくても運用できます。

解答：DTから同時にアクセスされる台数分だけあればよいから

04 ネットワーク管理技術

出題ナビ

出題対象になる1つ1つのプロトコルは，とてもシンプルです。どこが出るか予測しにくい分野なので，広く浅く知識を習得するように心がけてください。ヤマをかけるとしたら，NTPです。NTPは午後問題での出題実績もあり，比較的突っ込んだ知識を問われます。

syslog

重要

ログを収集し，一元管理するためのクライアント／サーバ型のしくみが**syslog**です。UNIXなどのOSに標準で組み込まれています。ログを送信する側の機器は**syslogプロセス**を，受信する側のサーバは**syslogdプロセス**を動作させます。

syslogを使う目的として，**ログの集約**，**ログの二重化**（喪失防止，改ざん防止）が問われます。また，ログのレコードには0～7の重要度があり，管理者は自分の知りたい情報だけを抽出できます。

合格のツボ

- **ログの取得といえばsyslog**
- **サーバ側はsyslogdが動作**

NTP

注意

NTPは正確な時刻情報を配信するためのプロトコルです。クライアント／サーバ型のしくみをとっており，世界標準時に同期したNTPサーバからNTPクライアントが時刻を取得します。原子時計を持っているタイムサーバへの通信集中を避けるため，最大16層までの**階層システム**（**stratum**）がとられています。原子時計であるため，**UTC**（**協定世界時**）が使われます。日常生活でなじみのあるGMT（グリニッジ標準時）ではないのでひっかけ問題に注意してください。

クライアントがサーバに時刻を同期させることに特化した簡易型のプ

ロトコルを**SNTP**といいます。

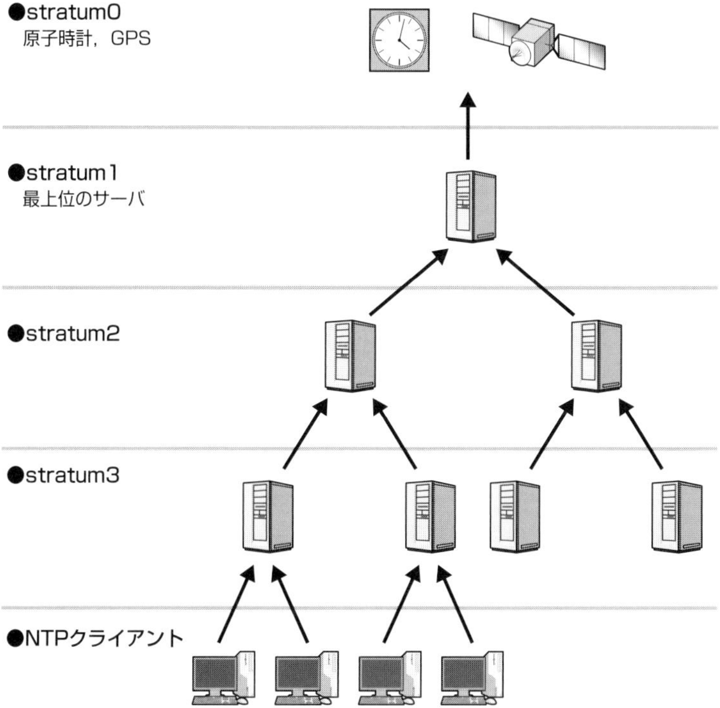

▲NTPのしくみ

内蔵時計があるのに，なぜ，こんなしくみが必要なんでしょうか？

内蔵時計は精度が低いんです。
トラブル究明時には，複数の機器のログを突き合わせることがありますが，少しでも時刻がズレていると，ログの対応関係が狂い，ログの信頼性が失われてしまいます。

合格のツボ

NTPは
- タイムサーバへのアクセス集中を防ぐために，階層システムになっている
- 階層構造の頂点には，原子時計やGPSを持つタイムサーバが存在する
- UTCに同期する

SNMP

重要

SNMPはネットワーク管理を行うためのプロトコルで，複数のサーバや通信機器の稼働状況をサーバで一元管理するために使います。

管理する側を**SNMPマネージャ**（管理サーバなど），管理される側を**SNMPエージェント**（監視対象の各種サーバやルータなど）と呼び，両者が協調して動作することで全体のしくみが働きます。SNMPマネージャとSNMPエージェントの間でやり取りされる情報のことを**PDU**といいます。

▼PDU種別

PDU	役割
get-request	マネージャがエージェントから情報を引き出す
get-next-request	データ長が不明な場合，データが終了するまで再要求を行う
get-response	get-request，get-next-requestに対する返答を行う
set-request	管理オブジェクトの設定値を変更する
trap	エージェントが情報をマネージャに通知する

重要

合格のツボ

- SNMPマネージャの要求に，SNMPエージェントが応答するのが基本
- 例外として，SNMPエージェントが自発的に送信するtrapがあり，よく出題される

こんな問題が出る！

ネットワーク管理プロトコルであるSNMPバージョン1のメッセージタイプのうち，異常や事象の発生を自発的にエージェント自身がマネージャに知らせるために使用するものはどれか。

ア get-request イ get-response ウ set-request エ trap

解説 基本は，「マネージャが問いかけて，エージェントが答える」です。唯一，エージェントが自分から送信するのがtrapで，頻出事項になっています。

解答：エ

● MIB

重要

MIBはエージェントが持つデータベースです。ここにログが蓄積されます。当初は故障情報の蓄積のみを想定していましたが，トラフィックなどの情報を蓄積できる**拡張MIB**が普及しています。拡張MIBを使う場合，メーカ間の互換性に注意が必要です。

● RMON

RMONはSNMPの拡張仕様です。遠隔地のエージェントから情報収集することを想定していて，エージェントのMIBに故障情報やネットワークの利用状況を蓄積します。マネージャの求めに応じて，これを転送することでトラフィックの負荷を抑制します。

OSI基本参照モデルの1～3層の情報を扱うRMON1と，4層以上の情報を扱うRMON2があります。

RMON1	・ネットワーク内の回線使用率 ・ホストごとの回線使用率
RMON2	・プロトコル使用率 ・ホストごとのプロトコル使用率 ・ホストのアドレステーブル

情報収集をするアプリケーションを**プローブ**と呼びます。スイッチや，スイッチのミラーポートに接続したサーバで動作させます。

仮想化・効率化の技術

05 アウトソーシング

出題ナビ

午後のシナリオ問題での出題があります。中核競争力（コアコンピタンス）に集中するために，ITの運用を外部化します。外部化することの利点と欠点，各種サービスの違いに注意して記憶します。別項のハウジングとホスティングも関連してきます。

IDC

インターネットデータセンタの略で，各種のサーバや通信機器を大規模に集積して運用する施設です。規模の経済を生かすことができ，また自社では運用が難しい耐障害設計，冗長化通信経路，多重電源，空調設備，24時間監視体制などが潤沢に整備されます。

ハウジング型のサービスも，ホスティング型のサービスも提供されています。

アウトソーシング契約時の用語

● QoS

QoSはサービス品質の保証水準を指します。QoSにもとづいて，SLAを定めます。

あれ？ QoSって他のところでも聞いたような…

ネットワークのQoSといえば，通信開始前にネットワークの帯域などのリソースを要求し，通信を制御するアドミッション制御に関する出題がありました。
QoSという意味では同じですが，業務を外注するときのQoSと混同しないようにしましょう。

● SLA

SLAはサービス品質に関する契約です。通常，「QoSを達成できなかったら，X％値引きする」といった契約を結びます。SLAを結ぶ際の指標にするためには，QoSを定量化する必要があります。よく使われる指標にネットワークのスループットやサーバの応答時間，稼働率，故障からの復旧時間などがあります。

こんな問題が出る！

SLAの説明として，適切なものはどれか。

ア　ITサービスの利用者からの問合せに対応する窓口
イ　ITサービスマネジメントのベストプラクティスを文書化したもの
ウ　サービス内容に関して，サービスの提供者と顧客間で合意した事項
エ　サービスやIT資産の構成品目を管理するために作成するデータベース

解説　ここでは「提供者と顧客間」となっていますが，「事業者と利用者」など，呼び方が変わっても対応できるように準備しましょう。いずれにしろ，「サービスの水準についての合意」がキーワードになります。

解答：ウ

クラウド型サービス

● Saas，PaaS，IaaS

重要

Saas，PaaS，IaaSは，クラウドで提供されることに特徴がある**クラウド型サービス群**です。提供されるサービスのレイヤによって呼び名が変化，プロバイダが何を提供するか，利用者がどこまで自前で用意しなければならないかが変わってきます。

IaaS	インフラを提供する。CPU，ストレージなど
PaaS	プラットフォームを提供する。OS，ミドルウェアなど
SaaS	サービスを提供する。アプリケーションソフトウェアなど

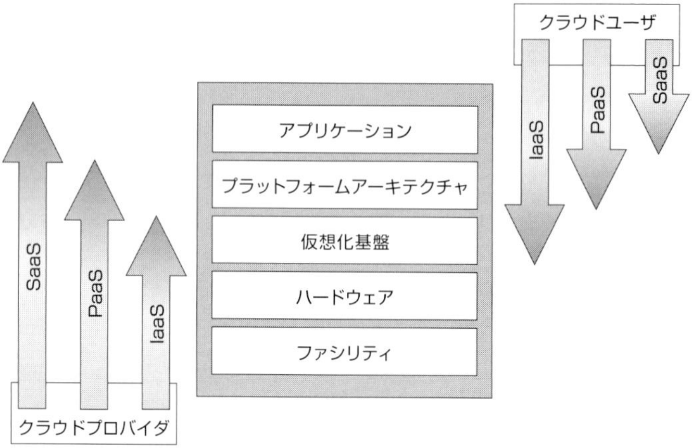

出典：https://www.ipa.go.jp/files/000025365.pdf

● XaaS

さまざまなサービスがクラウドを基盤に提供されるようになったので，XaaS（X as a service：Xにはいろいろなものが入る）という言い方が現れました。基本はIaaS，PaaS，SaaSですし，これからもたくさんのXaaSが現れては消えていくと考えられますが，定着したものは覚えておきましょう。

● MaaS (Mobility as a Service)

MaaSは，統合された移動サービスを意味します。現在地から目的地まで1つのアプリケーションを窓口に，複数の移動手段すべての予約やチェックインが完了したり，乗り継ぎの案内や手続きをサポートするなどです。サービス自体が全体最適を目指しているため，利用者の利便性だけでなく，混んだ交通機関から空いている交通機関へ人を誘導したり，よりエネルギー効率のよい組合せを実現できます。

● DaaS (Desktop as a Service)

DaaSは，デスクトップ環境が用意されたクラウド側に，クライアントから接続することでそれを利用することができるものです。多くのクライアントでデスクトップ環境を統一することや，非力なクライアントでリッチなデスクトップサービスを受けることができます。VDIと似ていますが，VDIと呼んだ場合デスクトップ環境を提供するサーバは社内にあることが多いです。

合格のツボ

- クラウド型サービスは，基本的にコストと手間の削減を狙ったもの
- ハウジングとの違いは，インフラやプラットフォームが利用者の所有でないこと
- SかPかIは，提供してもらうものの違い。サービスが欲しければSaaSを，自前サービスを作るためのプラットフォームが欲しければPaaSを契約する

こんな問題が出る！

NISTの定義によるクラウドコンピューティングのサービスモデルにおいて，パブリッククラウドサービスの利用企業のシステム管理者が，仮想サーバのゲストOSに係る設定作業及びセキュリティパッチ管理作業を実施可かどうかの組合せのうち，適切なものはどれか。

	IaaS	PaaS	SaaS
ア	実施可	実施可	実施不可
イ	実施可	実施不可	実施不可
ウ	実施不可	実施可	実施不可
エ	実施不可	実施不可	実施可

解説　利用企業の視点で考えると，

SaaS	借りる対象はサービス（それ以下のレイヤは，クラウド事業者が隠蔽することで，利用者に余計な負担がかからなくなっている）
PaaS	借りる対象はプラットフォーム
IaaS	借りる対象はインフラ

解説　このようになります。仮想サーバのゲストOSはインフラに含まれますから，IaaSとしてインフラを借りている場合は，利用者側で管理可能です。しかし，SaaSやPaaSでは仮想サーバではなく，仮想サーバ上で動作するサービスやプラットフォームを借りています。その場合，サーバの設定変更は不可能です。

解答：イ

第5章

信頼性向上

信頼性向上

01 RASIS

出題ナビ

セキュリティの本質は「システムを安全にいつでも使えること」です。攻撃への対策がクローズアップされがちですが，信頼できるシステムの構築も立派なセキュリティ対策です。RASISは信頼性にまつわる5つの要素の頭文字を取ったものです。RASISが主題として問われることは少ないですが，信頼性関連出題の前提知識となります。

RASIS

● R (Reliability)

信頼性です。数値化する尺度としての**MTBF**（**平均故障間隔**）は，故障と故障の間の平均時間，つまり連続して問題なく使える時間を示すものです。大きければ大きいほど故障しないシステムです。

重要

$$MTBF = 1 / \lambda$$ （λは故障率）

● A (Availability)

可用性です。使いたいときにシステムが使える状態にある割合です。数値化する尺度として，**稼働率**が出題されます。稼働率が大きければ大きいほど，使いたいときに使えるシステムといえます。

重要

$$稼働率A = MTBF / (MTBF + MTTR)$$

● S (Serviceability)

保守性です。故障発生時にどのくらいで修理できるかという意味です。保守性を数値化する尺度として出題されるのは，**MTTR**（**平均修理時間**）です。MTTRは小さければ小さいほどいい数値です。機器のユニット化やホットスワップ化などで，MTTRを小さくできます。

$$MTTR = 1 / \mu$$ （μは修理率）

● I (Integrity)

重要

完全性です。データ改ざんや，不整合，データが失われたりする度合いです。プログラムの瑕疵や過負荷時の誤作動，操作ミスによって誘発されます。完全性向上の手段として，アプリケーション監査，データのバックアップ，フールプルーフの導入などが考えられます。

● S (Security)

安全性です。攻撃者の攻撃やテロリズム，自然災害などにシステムがどの程度脅かされているかです。

合格のツボ

- MTBFは大きい方がいい
- MTTRは小さい方がいい

こんな問題が出る！

MTBFがx時間，MTTRがy時間のシステムがある。使用条件が変わったので，MTBF，MTTRがともに従来の1.5倍になった。新しい使用条件での稼働率はどうなるか。

ア　x，yの値によって変化するが，従来の稼働率よりは大きい値になる。
イ　従来の稼働率と同じ値である。
ウ　従来の稼働率の1.5倍になる。
エ　従来の稼働率の2／3倍になる。

解説　$x/(x+y) = 1.5x/1.5(x+y)$が成立しますから，従来の稼働率と同じ値です。

解答：イ

信頼性向上

02 フォールトトレランス

出題ナビ

システムの信頼性を向上させる手段はたくさんありますが，大まかに2つに分類することができます。それがフォールトアボイダンスとフォールトトレランスで，出題の中心になるのはフォールトトレランスです。フォールトトレランスを細分化したフェール○○系の知識は午前問題でも午後問題でも問われるので，意識して勉強しましょう。

フォールトアボイダンスとフォールトトレランス

● フォールトアボイダンス

信頼性向上手段としては，伝統的なやり方です。精度，品質の高い製品を用いることで，**故障の確率を減らします**。ただ，故障をゼロにすることはできないことと，コストがかかることに注意します。

● フォールトトレランス

故障は必ず発生するものとして，その際の処置を盛り込んでおくことで，全体的に見れば問題なく業務を続行できるようにしておくことです。

合格のツボ

フォールトトレランスは，

- **フォールトアボイダンスよりも低コスト**
- **排他的な関係ではない。ふつうはフォールトアボイダンスと組み合わせる**

フェール○○

フォールトトレランスは実務でもよく使われていることと，フォールトトレランスを実現するための具体的な技術群が「フェール○○」と名称が似ていて引っかけ問題を作りやすいことから，本試験でも定番問題となっています。

● フェールセーフ

重要

故障したとき，**安全側になるような工夫**です。スキーでは最初に転び方を教わりますが，山側に転ぶのがフェールセーフです。信号機がつきっぱなしになったとき，必ず赤が点るようにするのもフェールセーフです。

● フェールオーバ

故障したとき，**代替機に処理を引き継ぐ**ことです。本番系と待機系を用意する**冗長構成**にしておき，本番系が壊れたら待機系で仕事を続行するのはフェールオーバです。フェールオーバした後に，修理が済んだ本番系に処理を戻すことを**フェールバック**といいます。

注意

● フェールソフト

コツ

故障して100%の機能を維持できないとき，**ある機能を切り捨てることで全停止に至らないようにする工夫**です。できるだけ中核機能を残すのがコツです。RAID5で1台のディスクが壊れアクセス速度が低下したが読み書きはできるとか，CPU資源が逼迫したので重要度の低いアプリケーションを強制終了させるといった措置はフェールソフトです。

● フールプルーフ

人為的なミスを防止する工夫です。人間は必ずミスをするものなので，それを織り込んだ設計を行います。ファイルの削除では，いったんゴミ箱に入ることで復旧の余地を残すとか，給湯器の温度を40度以上に上げるにはボタン操作が必要という具合に，身の回りにたくさん実例があります。

冗長，というと，つまり無駄ってことですか？

「あなたの話は冗長」と言われたらそうですが，この場合の冗長は二重化されているなど，もしものときに余裕（遊び）があるといった肯定的な意味です。

こんな問題が出る！

安全性や信頼性について，次の方針でプログラム設計を行う場合，その方針を表す用語はどれか。

“不特定多数の人が使用するプログラムには，自分だけが使用するプログラムに比べて，より多くのデータチェックの機能を組み込む。プログラムが処理できるデータの前提条件を文書に書いておくだけでなく，その前提を満たしていないデータが実際に入力されたときは，エラーメッセージを表示して再入力を促すようにプログラムを作る。”

ア　フールプルーフ　　イ　フェールセーフ
ウ　フェールソフト　　エ　フォールトトレラント

解答：ア

覚えにくいを覚えやすく

フェールセーフとフェールソフト

・フェール“セーフ”……“安全に”壊れる
　→ Wordの自動保存を１分間隔にしているのでWordが落ちても安心だ
・フェール“ソフト”……“柔らかく”壊れる
　→ 自宅システムはクラスタ構成になっているので，サーバが１台停止しても遅いなりに処理を継続できる

壊れてしまうことは確定なので，まずそこを間違えないようにします。フェール○○は壊れ方をコントロールする発想です。セーフとソフトは安全に壊すのと，限られた範囲だけ壊す違いがあります。

フェールセーフは壊れるものの安全（壊れたら起動しないドライヤーとか），フェールソフトは一部を壊すことで積極的に大事なところを残す（車体が壊れることでエネルギーを吸収し，ドライバーが怪我をしないなど）ので，**フェールソフトの方はまだ動いている**と覚えてもいいです。だから，**縮退運転**とも呼びます。

信頼性向上

03 故障の発見と復旧

出題ナビ

故障は予兆の段階で発見して，故障前に対応するのが最も低コスト，高可用性で運用する方法です。予防保守の大切さを頭に叩き込みましょう。もし，故障が起こってしまった場合には，迅速な復旧が第一優先目標です。後の原因究明のためには，ログやスナップショットの取得が重要です。

故障の発見と復旧

● 予防保守

一般的に，故障してから修理するよりも，故障前に手当てをしたり交換したりする方が低コストです。そのための手段として，予防保守がよく出題されます。

▼予防保守の例

- 納入機器に対して品質基準を設けるなど，設計時／設置時に十分なレビューを行う
- サーバマシンは空調の効いたサーバルームに設置するなど，クーリング対策を行う
- UPS（無停電電源装置）を設置して，電源切断時にもデータの損失を回避する。また，電圧を安定させる
- 重要な機器を並列系統に配置するなど，システム全体の可用性を高める
- システムに関する権限管理を明確にし，権限のない部署はシステム資源にアクセスできないようにする
- WANは複数の伝送路，特に異なるキャリアの回線を利用する
- バックアップを取得し，世代管理を行う
- バックアップからのリストアリハーサルを行う

● 故障監視

どんなシステムでも（フォールトトレランスシステムでも）予期せぬ

故障は必ず起こります。そのときに，いかに素早く検知できるかでシステムの可用性が変わります。

▼故障監視の例

- ・システム資源の動的動作管理を行うなど，故障が生じた場合にすぐに検出できる態勢を整える
- ・ベンダと保守契約を締結し，予防保守を行うことで故障の傾向を早期発見できる
- ・故障に関する自己診断を行う機器を導入する
- ・ログを監査し，故障の徴候を発見する
- ・機器運用を自動化し，人的ミスの発生を抑制する
- ・故障が生じた際の自動復旧，自動再構成を行う
- ・故障機器をシャットダウンする前にログやスナップショットを保存し，解析を行う

● 故障復旧

監視によって検知した故障から素早く復旧するための対策です。

▼故障復旧の例

- ・重要機器については予備部品，予備ユニットを用意して修理を待たずに交換する
- ・モジュール化された機器を使用し，交換だけで復旧を行えるようにする
- ・システム監査を行い，故障原因の特定と対策を分析，業務手順の変更やシステムの構成の変更を行う
- ・故障事例データベースを作成し，事故事例／復旧手法のノウハウを蓄積する
- ・パソコンなどは，アプリケーションのインストール，設定などが完了したイメージデータを保存しておき，再インストールや設定作業を行わずに復旧できるようにする

ITILのサービスサポートと絡めて出題される場合，**インシデント管理**（迅速な復旧が目標）と**問題管理**（原因究明と再発防止）の切り分けがポ

注意

イントになります。原因究明は復旧した後に，ゆっくりやると覚えておきましょう。

こんな問題が出る！

ハードウェアの保守点検及び修理作業を実施するときに，運用管理者が実施すべき，事前又は事後の確認に関する説明のうち，適切なものはどれか。

ア　システムが自動的に回復処置を行った障害については，障害前後のエラーログが残っているので，障害原因や対応処置の報告ではなく，ログの分析結果を確認する。

イ　定期保守時の点検項目は事前に分かっているので，事前と事後の確認は省略できるが，作業の開始と終了については，保守作業者に確認する。

ウ　予防保守を遠隔保守方式で行う場合，遠隔地のシステムへの影響は出ないので，作業内容などの事前確認は行わず，事後に作業実施結果を確認する。

エ　臨時保守の場合，事前に保守作業者が障害の発生状況を確認したことを確認し，事後に障害原因や作業実施結果を確認する。

解説　障害原因の特定や確認は事後に行います。復旧作業中に並行して実施すると，復旧が遅れてしまう可能性があります。

解答：エ

合格のツボ

- 「予防保守に成功すれば，最も効率がいい」は頻出ポイント
- 仮に事故が起こってしまった場合，最優先はシステム復旧による業務継続
- 原因究明は再発防止のために大事だが，それは復旧作業が終わった後で（後回し）

性能管理

故障は異常な状態です。異常な状態を早期に発見するためには，システムの正常な状態を知っている必要があります。そこで，システム管理者は各種のログを定期的にチェックして，システムの正常な状態を把握するよう努めます。

● セキュリティ対策としてのログ管理

また，ログの取得はセキュリティの観点からも重要です。正常状態が分かれば，不正侵入などを早期に発見できますし，事故後の犯人特定や捜査機関への資料提出もスムーズです。クラッキングの多発を受けて，ハッシュや暗号化などで保全された体系的なログ群を残しておく，**ディジタルフォレンジックス**を導入する企業も増えています。

重要

ログの取得技術としては，**syslog**が問われます。syslogはクライアント／サーバ型のシステムで，**syslogd**を稼働させるサーバが，クライアントから送られてくるログ情報を集約して保存します。

合格のツボ

- 「ログを読むのにアップアップ」は，読み落としへの伏線。午後問題で注意
- syslogdはサーバ上で動作するプロセス。ひっかけ問題に用心

出題実績から覚える！

ログ取得のポイント

- ログを取得しすぎて収拾がつかない，読み切れず重大な故障を見逃した，といったケースが出題される
- ログのチェックは重要だが，なんでもかんでも管理者が見るのではなく，閾値を設けて自動発報するなどのしくみが必要

信頼性向上

04 バックアップ

出題ナビ

失われたデータはどうやっても復元できません。データの喪失という経営危機に直面しないために行われる施策がバックアップです。実務でも最重要，かつ正常稼働時にはあまり振り向かれない項目であるため，本試験でよく問われます。バックアップ範囲と復旧に許される時間などに注意します。

バックアップ計画

バックアップに際して定める項目は，以下の通りです。

- ・バックアップを取得する範囲
- ・バックアップの頻度と取得方法
- ・バックアップ／リストア（復元）に許される時間
- ・世代管理の有無
- ・バックアップの取得場所

すべてのデータをリアルタイムにバックアップするのが一番いいんでしょう？

いいえ，バックアップにはコストも時間もかかります。一般論として全部の取得は無理なので，重要情報を軸に範囲を定めます。

● 世代管理

世代管理の有無は意外に重要です。バックアップ取得ごとに過去のバックアップを上書きしていく単純バックアップでは，

- ・バックアップは毎日取っている
- ・昨日更新したソフトウェアのバグでデータが壊れた
- ・2日前の状態に戻したい

といった事例（出題実績あり）に対応できません。

● データの保存場所

データの保存場所については，午後問題でよく狙われます。一般的に

重要

は本番データとバックアップデータの共倒れを防ぐため，**遠隔地保存**がよいとされていますが，メンテナンスと復旧のしやすさからあえて近い場所にバックアップを取得するケースなど，業務条件に依存します。遠隔地で同期を取る場合，データの移送手段（ネットワークか媒体輸送か，ネットワークなら帯域と利用料金等）にも注目してください。

バックアップ方法

バックアップ方法で問われるのは3つです。それぞれに長所と短所があるので，そこに重点を置いて理解しましょう。

バックアップ方法	バックアップの速さ	リストアの速さ
フルバックアップ	最遅	最速
差分バックアップ	バランス	バランス
増分バックアップ	最速	最遅

● フルバックアップ

基本になるバックアップ方法で，バックアップ対象のデータを毎回すべて取得します。そのため，バックアップにかかる時間は最も大きくなります。1ステップで復元できるので，**リストア時間は最短**です。

コツ

● 差分バックアップ

週に1度などの頻度でバックアップ対象すべてを取得し基準データとします。他の日は基準データから変更があった部分だけを取得することで，バックアップ時間とバックアップ領域を節約します。リストア時には，まず基準データを復元し，そこに戻したい曜日の差分データを上書きする形で復元します。

合格のツボ

差分バックアップ
- 運がよければ，1回でリストアできる（基準データを取得した日に復元したい場合），そうでなければ2回
- 日によってバックアップ／リストア時間が変わってくるので，復元時間の試算問題などに注意

● 増分バックアップ

1週間に1度などの頻度で基準データを取得し，次の日には基準データからの変更分を，その次の日には前の日からの変更分を，といった具合に繰り返していきます。**バックアップ時間と領域は最小化**できますが，リストアに時間と手間がかかります。

こんな問題が出る！

次の処理条件でサーバ上のファイルを磁気テープにバックアップするとき，バックアップの運用に必要な磁気テープは何本か。

〔処理条件〕

(1) 毎月初日（1日）にフルバックアップを取る。フルバックアップは1回につき1本の磁気テープを必要とする。

(2) フルバックアップを取った翌日から次のフルバックアップまでは，毎日，差分バックアップを取る。差分バックアップは，差分バックアップ用として別の磁気テープに追記し，1か月分が1本に記録できる。

(3) 常に6か月前の同一日までのデータについて，指定日の状態にファイルを復元できることを保証する。ただし，6か月前の同一日が存在しない場合は，当該月の月末日以降のデータについて，指定日の状態にファイルを復元できることを保証する（例：10月31日の場合は，4月30日以降のデータについて，指定日の状態にファイルを復元できることを保証する）。

ア 12　　イ 13　　ウ 14　　エ 15

解説　例に挙げられているように10月31日に4月30日の状態を復元したい場合，フルバックアップ用に7本（4月，5月，6月，7月，8月，9月，10月）の磁気テープが必要です。同様に4～10月について，それぞれ1本ずつの磁気テープを差分バックアップ用に使いますから，合計で14本の磁気テープが必要です。

解答：ウ

バックアップ運用

バックアップ計画を決めれば，後はそれを実行するだけですが，ルーティン作業特有の落とし穴が本試験で狙われます。

落とし穴というと，もしかしてバックアップが取れてないこともある？

バックアップは取れているものの，リストアできないパターンもあるので注意してください。

バックアップできないパターンでよく問われるのが，計画時は完璧だったのが次第に業務データが増えてバックアップ媒体の容量やネットワークの帯域を超えている事例です。容量や帯域ではなく，時間であることもあります。

合格のツボ

- **バックアップ作業のログは残しておき，定期的に監査する**
- **定期的なチェックで、バックアップが空振りしていたなどの事態を発見する**

重要

リストアできないパターンの頻出は，バックアップ媒体の劣化や手順間違いです。バックアップは定期的に行っていても，リストアはまれにしか行わないのでいざとなると手順が分からないなどの事態が生じます。「**リストアのリハーサル**」は正答になりやすい対処例です。

● バックアップデータの廃棄

バックアップを取得したメディアにもいつか寿命が訪れます。バックアップの対象になるデータは往々にして重要データです。廃棄時には慎重な対処が求められます。

ハードディスクとか,燃えないゴミに出しても大丈夫ですよね？

地域によるでしょうが，重要データが丸見えです。そんなゴミは当然，スキャベンジングの対象になると思ってください。

合格のツボ

- どんな仕事でもそうだが，廃棄段階は扱いがぞんざいになりやすい
- データの発生から消滅まで，ライフサイクル管理をしっかりする

バックアップ媒体を廃棄するときは，物理的な破壊，消磁，データ消去ソフトウェアを適用するなどの**確実なデータ消去手段**を講じます。外部の廃棄業者を利用する場合は，守秘義務契約を結びます。

● 遠隔地保存

本番データとバックアップデータの共倒れを防ぐために，**バックアップデータは遠隔地に保存**するのが望ましいとされています。遠隔地保存で狙われるのが，遠隔地への**データ移送手段**です。

今どきの移送手段といえば，通信ですね！

通信で送るのであれば，大量のトラフィックが業務に支障を与えないか，要求時間内に送れるかに留意します。

なるほど。設計時やテスト時には気をつけないといけませんね。

運用を始めてからも注意が必要です。徐々にデータ量が増加したり，セキュリティを高めるための暗号化によって，伝送時間は容易に増大します。同期のタイミングと絡めて，バックアップ先が最新の状態になるまでの時間が出題されたこともあります。

合格のツボ

- 本社——支社がある場合，一般的には支社にバックアップを保存する出題が多い
- 外部データセンタが使われるパターンも出てきた

信頼性向上

05 ストレージ関連技術

出題ナビ

RAIDは高信頼システムとして実務でもすっかり定着した技術です。RAID0，RAID1，RAID5については利点，欠点も含めてしっかり覚えておく必要があります。デュプレックスシステムとデュアルシステムの違いも，出題者の間で根強い人気があります。

RAID

ハードディスクの可用性を向上させる技術です。一般的なハードディスクを複数台組み合わせて，高信頼システムにしたものです。組合せ方で，RAID0～RAID5のように番号が打たれています。

● RAID0

データを複数のハードディスクに分散して配置するため，高速な読み書きができるのが特徴です。1台でもハードディスクが故障すると読み書きできなくなるため，「1台の場合より信頼性が落ちる」点がとても重要です。

● RAID1

重要

2台のハードディスクにまったく同じデータを配置するため，どちらかが壊れても問題なく業務を続行できます。反面，実質的な記憶容量がハードディスク全体の半分になってしまいます。

● RAID5

重要

3台以上のハードディスクを使って，各ハードディスクにデータ復元のための**パリティデータ**を配置します。そのため，1台が壊れても業務を続行でき，RAID1より実質的な記憶容量の割合を増やせる利点があります。

ただし，故障時は生き残ったハードディスクの業務データとパリティデータから，失われたデータを復元する計算が必要になるため，読み書きの速度は非常に遅くなります。

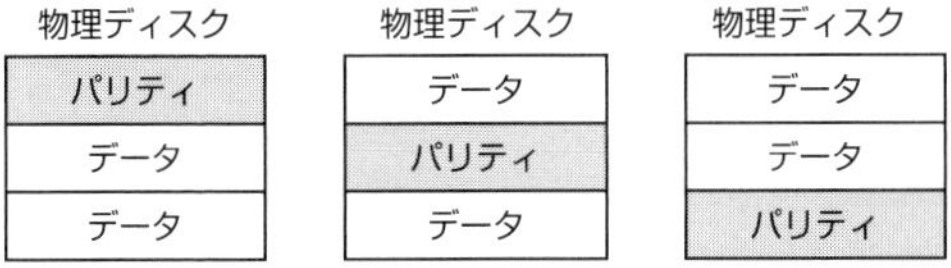

覚えにくいを覚えやすく

RAIDをまとめてチェック

	特徴	利点	欠点	最低必要台数	実効容量
RAID0（ストライピング）	複数台への並列アクセス	アクセスの高速化	信頼性の低下	2	100%
RAID1（ミラーリング）	同じものを2台用意する	信頼性の向上	実効容量の低下	2	50%
RAID5	パリティデータを分散して保存	アクセスの高速化，信頼性の向上	実効容量の低下，1台故障時に低速化	3	(HDD台数−1)×HDD容量

合格のツボ

RAIDでは

- 安価なHDDを複数組み合わせて，信頼性を向上させる
- RAID0では逆に信頼性が低下することに注意
- RAID1，5では1台のHDDが壊れても業務続行できる
- RAIDはバックアップではないことに注意！

NAS

重要

NASはネットワークに直接接続するタイプの単機能ファイルサーバです。システムへの導入が比較的容易なのが特徴です。ただし，他のサーバとやり取りするストレージのデータは，通常のLAN上を流れるので，ネットワークの帯域を圧迫する可能性があります。

SAN

重要

SANは，通常のLANとは別に，ストレージデータ専用のネットワークを作る方法です。通常データとストレージデータが互いを圧迫することなく通信でき，高いスループットを保てるのが利点です。一方で，別個にネットワークを構築するためコストがかかります。

SANは高速伝送への要求が高いので，SCSI-3のサブセットである**Fibre Channel**が用いられますが，近年ではギガビットイーサの普及により，IPでSANを構築する事例も増えています（IP-SAN）。

NASとSANはほとんど同じですよね？

NASは今あるLANにそのまま記憶装置（ストレージ）を接続します。SANはストレージ用のネットワークを新たに作ります。

● FC-SAN

Fibre Channelで構築するSANで，**ファイバチャネルスイッチ**を使ってスター型やメッシュ型のネットワークを組みます。

サーバがアクセスできる記憶領域は，安全のために**ゾーニング**（分割）されます。接続ポートごとにゾーンを変える**ポートゾーニング**，サーバのHBA（NICに相当）に割り当てられたWWNで行う**WWNゾーニング**があります。

● IP-SAN

IP技術を使って構築するSANのことです。普及している既存のIP機器が使えるため，構築費用を抑えることができます。

▼SANに関連する用語

iSCSI	ストレージ機器の制御に使うSCSIコマンドを，直接IPネットワークに送信できる方式。下位プロトコルとしてTCPを使う。サーバ（イニシエータ）とクライアントである記憶装置（ターゲット）で構成する
FCIP	FC-SANで使われるFCフレームをカプセル化して，IPパケットにする技術。FCのアドレスを使うため，IPネットワーク上でのルーティングはできない。遠隔地のFC-SAN同士をIPネットワークでトンネリングする
iFCP	FCIP同様に，FCフレームをカプセル化してIPパケットにするが，アドレスも変換する。そのため，IPアドレスによるルーティングを行うことが可能。FCIPより柔軟な運用ができる

こんな問題が出る！

SAN (Storage Area Network) におけるサーバとストレージの接続形態として，適切なものはどれか。

ア　シリアルATAなどの接続方式によって内蔵ストレージとして1対1に接続する。
イ　ファイバチャネルなどによる専用ネットワークで接続する。
ウ　プロトコルはCIFS (Common Internet File System) を使用し，LANで接続する。
エ　プロトコルはNFS (Network File System) を使用し，LANで接続する。

解説　1対1の接続ではないこと，LANに接続するものではないことを根拠にア，ウ，エは排除できます。SANはストレージのための専用ネットワークです。LANにストレージを接続するのは，NASです。

解答：イ

合格のツボ

NASとSAN
- NASは既存のLANが使えるので，導入時の負担を小さくできる
- SANは専用ネットワークを組むので，スループットが大きい

午後問題はこう出る！

…中略…

サーバの仮想化を実現させる仕組み（以下，仮想化機構という）を動作させるサーバのことを，物理サーバという。仮想化機構によって，物理サーバ上に作成されるサーバ機能を，仮想サーバという。仮想サーバは，物理サーバ上に複数作成できる。仮想サーバが使用するディスクは，物理サーバのローカルディスクとSANに接続されたディスク装置（以

下，SANストレージという）に作成することができる。仮想サーバが使用するディスクをSANストレージに作成すると，複数の仮想サーバで共用できる。

SANには，FC-SANと［ a ］がある。［ a ］を構成する代表的な技術がiSCSI（internet SCSI）である。最近は，iSCSIプロトコルがPCとサーバOSに実装されているので，iSCSIを容易に利用できるようになった。iSCSIは，信頼性のあるデータ通信を行うために［ b ］プロトコルを使用する。iSCSIでは，サーバで稼働し，［ c ］コマンドを発行して処理を要求するイニシエータと，ストレージ装置で稼働して，その処理を実行する［ d ］間で，ブロックデータの入出力を実現させている。今回は，稼働実績を重視して，FC-SANを利用することにした。

…中略…

設問　本文中の［ a ］～［ d ］に入れる適切な字句を答えよ。

解説

【空欄a】

SANはデータ伝送路にFibre Channelを使うFC-SANとIPネットワークを使うIP-SANに大別できます。

【空欄b，c】

iSCSIはSCSIコマンドをTCPにのせて，IPネットワークでやり取りする技術です。問題文中の「信頼性のある～」がヒントになっています。

【空欄d】

iSCSIはコマンドを発行するイニシエータと，それを受理するターゲット（記憶装置）によって動作します。

解答：a：IP-SAN，b：TCP，c：SCSI，d：ターゲット

第6章

セキュリティ

セキュリティ

01 暗号化

出題ナビ

インターネットのようなオープンシステムでは，盗聴を防ぐことは非常に困難です。そこで，盗聴を防ぐのではなく，盗聴されても大丈夫な体制を整えます。そのために使われるのが暗号です。暗号は正規の利用者にしか解読できないため，第三者が盗聴を行っても，盗んだデータは読めません。

暗号化方式

重要

ふだん私たちが使っている，暗号化されていない文書のことを**平文**《ひらぶん》といいます。平文に暗号化するための手順を適用し，暗号の解き方を知らない人には意味不明な暗号文を作ります。

この，暗号化するための手順のことを**暗号化方式**といい，**暗号化アルゴリズム**と**鍵**に分けることができます。

暗号を不正に解読しようとする人は，推測と試行錯誤で暗号を解いてしまうことがあります。その対策には，暗号化方式を次々変えていくのが最善なのですが，暗号化方式はそうそう思いつくものではありません。

そこで出てきたのが，暗号化方式の中身を暗号化アルゴリズムと鍵に分ける方法です。暗号生成の中核になる基本的な発想を暗号化アルゴリズム，そこに入力するパラメータを鍵と呼び，鍵を頻繁に変更することで，推測によって暗号を解読されてしまう事態を回避します。

重要

暗号を平文に戻すことを**復号**と呼びます。暗号化アルゴリズムと鍵を知っていると復号ができるので，鍵の管理は慎重に行う必要があります。

合格のツボ

情報処理試験では，「盗聴対策と暗号化」はセット

穴埋めで覚える！

- 暗号化方式は，暗号化アルゴリズムと［ a ］に分けられる
- ［ b ］は既知なので，［ c ］を秘密にするのが基本

解答：　a：鍵，b：暗号化アルゴリズム，c：鍵

暗号化って，暗号化方式を適用すれば，あとは全自動でやってくれるんですよね？

鍵は自分で設定する必要があります。鍵の作成が自動化されている場合でも，鍵が漏れないような運用など，配慮することはたくさんあります。

暗号化すると，盗聴されなくなるわけですね？

盗聴そのものは防げません。盗聴はしたものの，意味不明で読めなかったぞ，という状況にするわけです。

暗号とハッシュ値

使われる場面も似ているので，なんとなく混同して覚えている受験者の方もおられます。やっていることも，用途も異なるので，きっちり区別しておきましょう。

重要

情報をハッシュ関数にかけて得られるのがハッシュ値です。**元の情報には戻せない**（想像もできないほどかけ離れた値になる），元の情報が変わるとハッシュ値がまったく違う値になる，どんな長さの情報でも一定の長さのハッシュ値にできる，といった特徴があります。元の情報とハッシュ値の両方をつじつまが合うように改ざんするのが事実上不可能なので，改ざん検出に使われます。

合格のツボ

- 暗号 ………… 復号できることが前提。情報を安全に伝える手段
- ハッシュ値 … 元には戻せない。情報を検証する手段

セキュリティ

02 共通鍵暗号

出題ナビ

暗号化方式は共通鍵暗号方式と公開鍵暗号方式の２種類に大別できますが，よりシンプルというか基本になるのが共通鍵暗号方式です。出題自体は方式の複雑な（問題が作りやすい）公開鍵暗号が多いのですが，公開鍵暗号をきちんと理解するには，共通鍵暗号を知っておかなければなりません。

共通鍵暗号のしくみ

共通鍵暗号は，**暗号化と復号で同じ鍵を使う**ことからこの名前がついています。ある方法で暗号化し，それに逆の手順を適用することで復号する方法です。暗号化／復号のやり方としてはとても自然で，昔からある方法です。

共通鍵暗号では

重要

- 送信者と受信者で**同じ鍵**（共通鍵）を使う
- **鍵は秘密**にしておく
- 別の通信相手が登場したら新たに鍵を作る＝鍵は１人１人に専用のものを作る

● 共通鍵の暗号方式：AES

情報処理試験で問われる代表的な共通鍵暗号方式として，**AES**を覚えておきましょう。

注意

- 広く普及していたDESの安全性に黄信号が点ったために新しく作られた。
- 暗号アルゴリズムを公募で決めた
- 鍵長は**128ビット，192ビット，256ビット**から任意に選べる

こんな問題が出る！

米国NISTが制定した，AESにおける鍵長の条件はどれか。

ア 128ビット，192ビット，256ビットから選択する。
イ 256ビット未満で任意に指定する。
ウ 暗号化処理単位のブロック長より32ビット長くする。
エ 暗号化処理単位のブロック長より32ビット短くする。

解答：ア

共通鍵暗号の欠点

注意

インターネットが登場して，不特定多数の人との暗号通信が求められると，共通鍵暗号は2つの欠点が露わになりました。

- **鍵の交換がたいへん**
- **鍵の管理がたいへん**

重要

共通鍵暗号は暗号の**送信者と受信者が同じ鍵を持つ必要がある**ため，同じ場所に集まって鍵を作るか，片方が鍵を作ってもう片方へ送らなければなりません。インターネットでこれを行うのは困難です。

鍵の数が増えることも大きな問題です。共通鍵暗号は，送信者と受信者しか同じ鍵を持っていないのが前提です。第三者が同じ鍵を持っていたら，盗聴した暗号文を復号できてしまいます。

重要

そのため，新しい通信相手ができたら，新しい共通鍵を作る必要があります。共通鍵暗号の場合，n人が参加するネットワークで，**$n(n-1)$／2個の鍵が必要**になります。ネットワークが大きくなると，膨大な数の鍵を作り，管理しなければなりません。

合格のツボ

- 共通鍵暗号では，暗号化と復号に同じ鍵を使う
- 共通鍵の数は　n(n－1)を2で割ることを忘れない！

公開鍵暗号

出題ナビ

共通鍵暗号の欠点を踏まえて出てきた新しい暗号化方式が公開鍵暗号です。公開鍵暗号の特徴は，暗号化する鍵と復号する鍵が異なることに集約できます。暗号を作る鍵と，元に戻す鍵が違うので，暗号を作る鍵をおおっぴらに公開することができます。多くの設問の前提知識になります。

公開鍵暗号の特徴

暗号化を行う鍵（暗号化鍵）のことを**公開鍵**と呼びます。公開鍵暗号の名前の由来です。

コツ

一方で，受け取った暗号を復号する鍵（**復号鍵**）は秘密にしなければなりません。これは公開鍵暗号であっても同じなので注意しましょう。復号鍵のことは**秘密鍵**と呼んで区別します。

「公開」鍵暗号っていうくらいだから，鍵は全部公開しちゃっていいんですよね！

いけません。公開するのは，鍵ペアのうち，公開鍵（暗号化鍵）だけです。

合格のツボ

公開鍵暗号の基本

- 公開するのは暗号化鍵（＝公開鍵）
- 秘密にするのは復号鍵（＝秘密鍵）
- 公開鍵は，暗号を作ることしかできない鍵だから，悪用されにくい

公開鍵暗号のこの特性を使うと，共通鍵暗号の2つの欠点をうまくカバーすることができます。暗号化を行う鍵を公開できるので，鍵の交換がスムーズになります。

合格のツボ

共通鍵と公開鍵の長所・弱点を覚える

- 共通鍵暗号の２つの弱点（鍵配送問題，鍵数が多い）
- 公開鍵暗号は共通鍵暗号の弱点をカバー（公開鍵は公開できる，使い回せる）
- 処理速度（共通鍵暗号＝速い，公開鍵暗号＝遅い）

●公開鍵暗号の鍵の数

重要

公開鍵暗号では, Aさんと Bさんに同じ暗号化鍵（公開鍵）を配っても, Aさんは Bさんが暗号化した暗号文を復号できません。公開鍵は暗号化にしか使えず，復号はできないからです。つまり，鍵を使い回せるのです。使い回しがきくことで，鍵の数を劇的に減らすことができます。

●共通鍵暗号と公開鍵暗号ではこんなに鍵数が違う！

100万人が参加するネットワークで必要な鍵の数は,

・共通鍵暗号　$n(n-1)/2=499{,}999{,}500{,}000$

・公開鍵暗号　$2n=2{,}000{,}000$

重要

鍵のペアを誰が作るかという問題は頻出事項です。受信者が暗号文を復号し, かつ復号を行うための復号鍵は秘密に管理するわけですから, **受信者がペアを作って，暗号化鍵（公開鍵）を送信者に渡す**のが正しい手順です。

こんな問題が出る！

100人の送受信者が共通鍵暗号方式で，それぞれが相互に暗号化通信を行うときに必要な共通鍵の総数は幾つか。

ア　200　　イ　4,950　　ウ　9,900　　エ　10,000

解答：イ

公開鍵暗号の欠点とハイブリッド暗号

注意

公開鍵暗号は，インターネットに適応した優れた暗号化方式ですが，**暗号化と復号に大きな時間がかかり**，CPUに負荷をかけます。一般に共通鍵暗号の数百倍～数千倍の時間が必要です。

重要

暗号通信すべてを公開鍵暗号方式で行うと，応答時間に悪影響が生じるため，共通鍵暗号と公開鍵暗号を組み合わせた**ハイブリッド暗号**が使われます。通信のスタート時は公開鍵暗号で通信し，使い捨てにする共通鍵を交換します。以降は，高速な共通鍵暗号方式を使って暗号通信を行います。

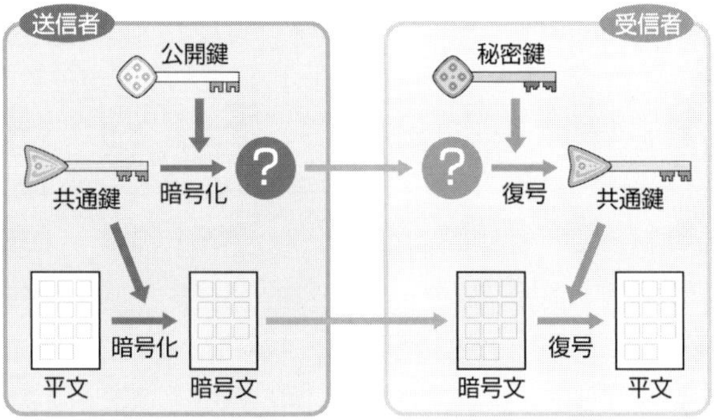

▲ハイブリッド方式

合格のツボ

- ハイブリッド暗号は，共通鍵暗号と公開鍵暗号のいいとこ取り
- 共通鍵の交換を公開鍵暗号で，時間のかかるデータ本体の送受信を共通鍵暗号で行う
- 実装例としては，TLS，S/MIMEなど

04 認証システム

出題ナビ

何をおいてもパスワード。パスワードによる認証とはどういうことか，何が脆弱なのかを頭に叩き込みましょう。現実の認証システムがパスワード中心に回っている間は，出題が減ることはありません。バイオメトリクスの出題は一巡しましたが，午前問題に答えられる程度の準備はしておきましょう。

アクセスコントロールとは

ある資源（コンピュータや機密情報など）を正当な権利を持つ人にしか使わせないしくみのことです。3ステップに区分して考えます。

内容	
①識別	サービスを受けようとしている人が誰かを認識するもの。ユーザIDなどがこれに相当する
②認証	申告されたユーザIDが，申告者本人のものか確認するステップ。ユーザIDは既知の情報なので，それだけですぐにサービスを始めるわけにはいかない。そこで秘密の情報であるパスワードを使って本人確認をする
③アクセス権管理	その人にどこまでのサービスを提供するか，決めるもの

合格のツボ

- 「顔パス」も立派な認証。この場合，①と②が同時に行われている
- 権限管理は盲点になりがちだが，ここまでやって制御完了。身元が分かっていても，触れてはいけない情報がある

パスワード認証

パスワード認証は，コンピュータシステムにおいて最も基本的な認証システムです。安価で導入しやすいですが，利用者側の負担が大きく，利用者の情報リテラシによってはセキュリティの水準が低下するリスクがあります。

▼パスワードの弱点

・利用者の不注意などで，パスワードが容易に漏えいする
・可能性のあるすべてのパスワードを試す総当たり攻撃を受けると，いつかは判明してしまう
・よく使われるパスワードを抽出した辞書攻撃で，容易に不正利用されてしまう可能性がある

対策として利用者の啓発などをあげることができますが，もともと構造的な問題のある認証方法であることは覚えておきましょう。他の認証方法が使える状況では置換を考えたり，組み合わせたりします。

そうはいってもやっぱりパスワード方式って多いですよね。何かいい方法はありますか？

次の囲み内容に気をつけてみてください。

▼パスワードの運用

推測できないようにする	→長くて複雑，意味のない言葉にする，生年月日などを避ける，紙に書かない，教えない
推測されても被害を最小限にする	→定期的に変更，ログイン失敗でアカウントを凍結
内部犯にも対処する	→管理者にも分からないように暗号化，初期パスワードは乱数で作る

本試験で問われるパスワード認証の種類

パスワードを攻撃者に知られたら終わりなので，システムの構築にも工夫が凝らされています。

● クリアテキスト認証

注意

ログインするときに，クライアントからサーバへ平文でユーザIDとパスワードを送信するやり方です。盗聴のリスクが高く，本試験の解答として採用するべきではありません。平文ダメ。ゼッタイ。具体的なプロトコルとしては**PAP**があります。

● チャレンジレスポンス認証

重要

チャレンジレスポンス認証は，パスワードがネットワーク上を流れないことに特徴がある認証方式です。盗聴に対して強固になります。

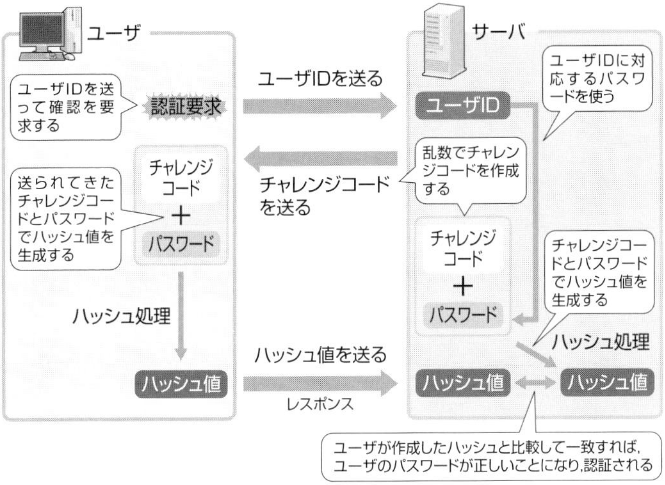

▲チャレンジレスポンス認証

4ステップで覚える！

チャレンジレスポンスでは
①クライアントは，ユーザIDを送信する
②サーバは，チャレンジコード（乱数）を作りクライアントに返信する
③クライアントは，パスワードとチャレンジコードからハッシュ値を作り，サーバに送信する
④サーバは，ユーザIDに対応するパスワードとチャレンジコードからハッシュ値を作り，クライアントから送られてきたハッシュ値と比較する

チャレンジコードとハッシュ値に盗聴の可能性がありますが，これらは使い捨ての値であるため，仮に攻撃者が入手したとしても不正ログインに利用することはできません。

合格のツボ

チャレンジレスポンス認証では
- パスワードはネットワーク上を流れない
- 流れるのは，パスワードと乱数から作られたハッシュ値
- ハッシュ値は一方向関数（元のパスワードを復元できない）なので安心

こんな問題が出る！

チャレンジレスポンス方式として，適切なものはどれか。

ア　SSLによって，クライアント側で固定パスワードを暗号化して送信する。
イ　トークンという装置が表示する毎回異なったデータをパスワードとして送信する。
ウ　任意長のデータを入力として固定長のハッシュ値を出力する。
エ　利用者が入力したパスワードと，サーバから送られたランダムなデータとをクライアント側で演算し，その結果を認証用データに用いる。

解説　ネットワーク上を流れるのが乱数である点に特徴があります。正答はエです。エでいう「クライアント側で演算」に使われるのがハッシュ関数で，選択肢ウはハッシュ関数の説明です。

解答：エ

ワンタイムパスワード

パスワードを使い捨てにする方式です。攻撃者がパスワードを入手しても，そのパスワードはもう使えなくなっているわけです。

合格のツボ

ワンタイムパスワードは
- パスワードを使い捨てにする方法
- 1回しか使用されないのなら，盗聴されたり推測されたりしても，不正使用する暇がない
- 代表例は，S/KEYと時刻同期方式

● S/KEY

重要

S/KEYは，チャレンジレスポンス方式をベースにしたワンタイムパスワードのしくみです。特徴的な用語が3つあります。

① パスフレーズ…パスワードのこと
② シード…チャレンジレスポンスでいうチャレンジコードのこと。乱数
③ シーケンス番号…ハッシュ演算を行う回数を管理する番号

シーケンス番号の回数だけハッシュ処理をしてワンタイムパスワードを作ります。

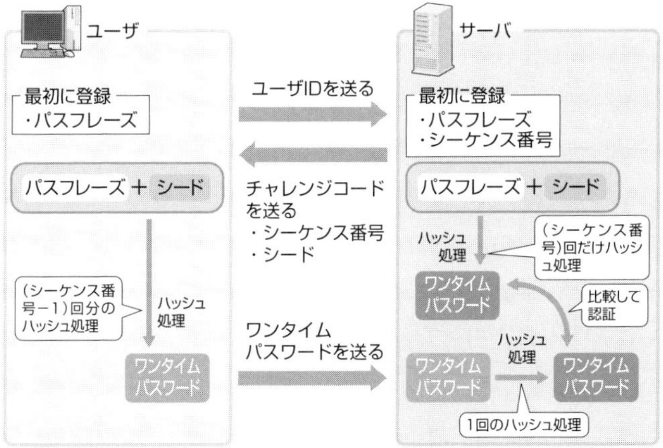

▲S/KEYのしくみ

● 時刻同期方式

重要

時刻同期方式は，チャレンジコードの代わりに，時刻を使ってワンタイムパスワードを作成する方法です。パスワードの生成に先立つチャレンジのやり取りが省略できますが，クライアントとサーバで時刻を同期させる必要があります。

時刻からパスワードを作成する装置のことを**トークン**といいます。スマートフォンなどにインストールして使うソフトウェアトークンもハードウェアトークンもあります。

時刻からパスワードを作るって…，ちょっと時間が経つと使えなくなるということですか？ 通信速度が遅いとダメかな？

ある程度，余裕をみているので大丈夫です

合格のツボ

S/KEYでは

- 認証に使うハッシュ値すら，ネットに流さない
- サーバはクライアントから送られてきたハッシュ値を，もう一度ハッシュして認証する

時刻同期方式は

- 何らかのトークンが必要

切り捨てて覚える！

・どちらかが作って相手に安全な方法で送る
　→代表例：S/KEY
・両者が同じ手順で同じものを作る
　→代表例：時刻同期方式

パスワードの強化方法

● ソルト

重要

ソルトとはパスワードに追加する情報のことです。ソルトを付加してハッシュ値を保存しておくことで，仮にハッシュ値を解析されても，復元されるのはパスワードそのものではなくなります。

● 二要素認証

二要素認証とは二つの要素を組み合わせて認証することです。通常のパスワード＋携帯電話に第2パスワードを送信する，といった方法があります。

バイオメトリクス認証

複製が困難な生体情報で認証を行うため安全な技術といわれていますが，さまざまな偽装方法も考えられています。また，仮に指紋などの生体情報が漏えいした場合，パスワードと違って変更できません。

▼主なバイオメトリクス認証

認証名	使う情報	利点	欠点
指紋	指紋の形状	安価	ごまかす方法の研究が進んでいる
虹彩	虹彩の形状	高精度	比較的高価
網膜	網膜の毛細血管の形状	高精度	比較的高価
声紋	音声	手軽	加齢・健康状態に左右される

▼関係する言葉

他人受容率	他人を本人だと認証してしまうこと
本人拒否率	本人なのに，他人だとされてしまうこと

合格のツボ

- パスワードの弱点は，忘れる，盗み見できる，推測できる
- バイオメトリクス認証は，忘れることがあり得ない
- コピーも困難

セキュリティ

05 認証を省力化する技術

出題ナビ

最も出題頻度が高いのはクッキーによる認証です。クッキーはシンプルで使いやすい技術ですが，クライアント側に情報が残ること，同一ドメインでしか利用できないことに注意が必要です。異なるドメイン間でシングルサインオンを行う場合は，SAMLを利用します。

クッキーによる認証

クッキーは，Webページ間で情報の受け渡しをする技術です（HTTPには本来その機能がない）。サーバが情報を作成，クライアントに送信し，クライアントはテキストファイルとして保存します。このしくみを利用してクライアントを認証するわけです。

注意

クッキーはテキストファイルであるため，共有コンピュータなどでは容易に情報が漏えいする可能性があります。本試験で出題されたときは，セキュリティを疑ってください。

▼クッキーによる認証の長所／短所

長所	・手軽 ・追加のアプリなどが必要ない
短所	・テキストファイルで，誰でも閲覧できてしまう ・共用環境では特に情報漏えいの危険性が大

クッキーのセキュリティは，**secure属性**による通信の暗号化（httpsの通信時のみクッキーを送信する）や，**expires属性**による有効期限の指定で高めることができます。

合格のツボ

- **クッキーはセキュリティ上のリスクがないか疑ってかかる**
- **クッキーのセキュリティは，通信の暗号化・有効期限の指定で高める**

リバースプロキシによる認証

各サーバの認証情報（ユーザID，パスワード，ディジタル証明書など）をリバースプロキシが保存する方法で，一度プロキシにログインしたあとは，プロキシが各サーバへのログインを代行するシングルサインオンを行います。

▼リバースプロキシによる認証の長所／短所

長所	・サーバ側に特別な変更は不要
短所	・リバースプロキシに負荷が集中する ・ネットワークの構成変更が必要な場合も

SAMLによる認証

重要

SAMLは異なるドメイン間で認証情報や属性情報をやり取りするためのプロトコルで，シングルサインオン（SSO）に使われます。SAMLでは，認証情報及び属性情報はXMLによって記述され，httpやSOAPで伝送されます。このしくみにより，利用者はあるサイトに一度ログインすれば，信頼関係にある別のサイトを再度のログインなしで利用できます。

SAMLによる認証情報の伝達は，次に訪れたサイトが前のサイトに要求することもありますし，前のサイトがあらかじめ次のサイトに送信する場合もあります。

なお，クッキーによる認証及びリバースプロキシによる認証は，同一ドメイン内でのシングルサインオンを目的としたものです。ある企業で認証された利用者は，別の企業のサービスも利用できるようにしたいといった用途には使えません。

OAuthによる認可

OAuth2.0は，アプリケーションの連携を行うためのプロトコルです。リソースサーバ，認可サーバ，リソースオーナ，クライアントの4つの要素が登場します。

リソースオーナは資源を持っている人，**リソースサーバ**は資源が保存されているサーバです。例えば，動画を撮ってサーバに保存している場合，リソースオーナは動画撮影者で，リソースサーバは動画サーバです。この動画をSNSに投稿したいとき，SNS（**クライアント**）に動画を渡す権限を与えなければなりません。この権限を管理しているのが**認可サーバ**です。動画撮影者は認可サーバからトークンをもらい，そのトークンをSNSに送信します。すると，動画撮影者は動画サーバのパスワードをSNSに渡すことなく，SNSが動画にアクセスできるようになります。

OAuth2.0は認可を行うプロトコルですが，ID認証も含めて行いたい場合は拡張仕様の**OpenID Connect**を使います。

合格のツボ

- クッキーとリバースプロキシは，同一ドメイン内でSSO
- SAMLは，異なるドメイン間でもSSO
- 認証情報は，XMLで記述されている
- OAuth2.0は，リソースオーナ，リソースサーバ，認可サーバ，クライアントの4つの関係を覚える

セキュリティ

06 ディジタル署名

出題ナビ

ディジタル署名そのものは出題が一巡したので，メッセージダイジェストなど，やや重箱の隅をつつくような出題があります。公開鍵暗号の技術を応用しているからといって，情報の秘匿にはなりません。情報の秘匿が必要な場合は，ディジタル署名の他に別途暗号化を行う必要があります。

ディジタル署名とは

重要

ディジタル署名は，ネットワークを利用する上でのリスクのうち，**なりすまし**，**改ざん**，**事後否認**を見破るための技術です。公開鍵暗号の技術を応用し，送信者が鍵のペアを作成し，送信者が秘密鍵を，受信者が公開鍵を使います。検証用の鍵を公開しているため，情報漏えいの防止にはなりません。

▼ディジタル署名の効果

	対応するリスク	効果
ディジタル署名	なりすまし	なりすましを見破れる（防ぐわけではない！）
	改ざん	改ざんを見破れる（防ぐわけではない！）
	事後否認	事後否認を見破れる（防ぐわけではない！）

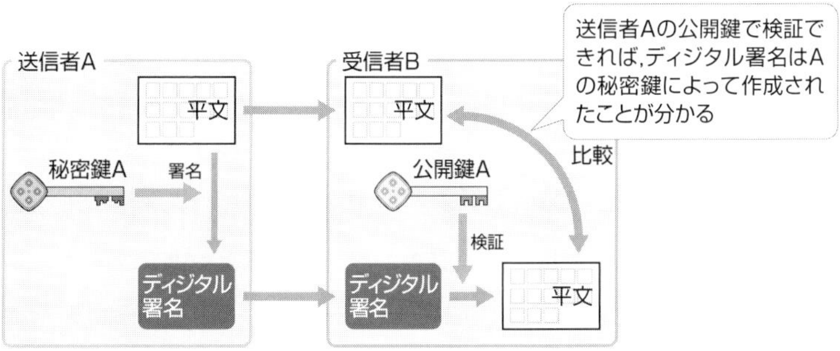

▲ディジタル署名のしくみ

検証ができる鍵を公開しちゃうなんて，太っ腹ですね！

検証に使うだけですから第三者にわたっても問題ありません。公開鍵で検証できる署名を作れるのはただ一人，ペアになる秘密鍵を持っている送信者だけですから，ディジタル署名によって本人確認ができ，なりすましを見破れるわけです。

合格のツボ

ディジタル署名の役割
- なりすまし（の検出）
- 改ざん（有無の検出）
- 事後否認（の防止）
- でも盗聴を防ぐことはできない

こんな問題が出る！

ディジタル署名において，発信者がメッセージのハッシュ値からディジタル署名を生成するのに使う鍵はどれか。

ア　受信者の公開鍵　　　イ　受信者の秘密鍵
ウ　発信者の公開鍵　　　エ　発信者の秘密鍵

解答：エ

覚えにくいを覚えやすく

公開鍵暗号とディジタル署名

・公開鍵暗号→暗号を解読できるのは本人だけ→秘密にするのは復号鍵
　　復号鍵＝秘密鍵，暗号化鍵＝公開鍵
・ディジタル署名→署名できるのは本人だけ→検証するのは公開鍵
　　署名＝秘密鍵，検証＝公開鍵

● メッセージダイジェスト

重要

ディジタル署名の基本的な考え方は先に説明した通りですが，実際には**メッセージダイジェスト**が使われます。その名の通り，平文を要約（ダイジェスト）する技術で，ハッシュ関数を使って平文からハッシュ値を作りそれを要約とします。

このハッシュ値を秘密鍵で暗号化して，ディジタル署名とするわけです。

メッセージダイジェストの利点
①ディジタル署名を短くできる（平文をそのまま暗号化するより，ずっと短い）。長さが揃う
②メッセージダイジェストからは平文が取り出せない（ハッシュ関数は一方向関数）

メッセージダイジェストを作る具体的な関数は以下のとおりです。

SHA-1	任意の長さの平文から160ビットのハッシュ値を作る。脆弱性が発見されたため，米国政府の標準からは外れている
SHA-2	SHA-1の脆弱性を受けて現在使われているハッシュ関数。SHA-1の発展系で，224，256，384，512ビットのハッシュ値を生成する。それらをまとめてSHA-2と呼ぶ
SHA-3	SHA-2の次世代の規格。SHA-2はSHA-1のアルゴリズムを踏襲しているが，SHA-3は根本から作り直すことで安全性をさらに向上させている

合格のツボ

メッセージダイジェストは
- どんな長さの文章からでも一定長のハッシュ値を作る
- 異なる文章からはまったく違ったハッシュ値が作られるため，改ざんの検出が可能
- ハッシュ値から元文章を復元できないため，つじつまをあわせた改ざんは困難

セキュリティ

07 PKI（公開鍵基盤）

出題ナビ

ディジタル署名は，送信者が秘密鍵を持っていることを証明しますが，送信者＝本人であることは保証しません。それを証明する仕組みの一つがPKIです。ディジタル証明書を安全に使うしくみとしてのCRLは頻出項目です。特に午後試験でよく狙われます。

認証局，登録局，発行局

重要

PKIでは，なりすましを防止するために，公正な立場にいる第三者機関がその鍵を作り，所持しているのが確かに本人であることを確認します。この第三者機関のことを**認証局**（**CA**）と呼び，さらに細かく，**登録局**（**RA**）と**発行局**（**IA**），**検証局**（**VA**）に分けることもあります。

認証局による確認ができたら，鍵に対して認証局が自分の秘密鍵でディジタル署名をした**ディジタル証明書**を発行します。

認証局の公開鍵はブラウザにインストールされるなどして，広く配布されているので，利用者はこれを使うことで，確かに本人が署名をしていると判断することができるのです。

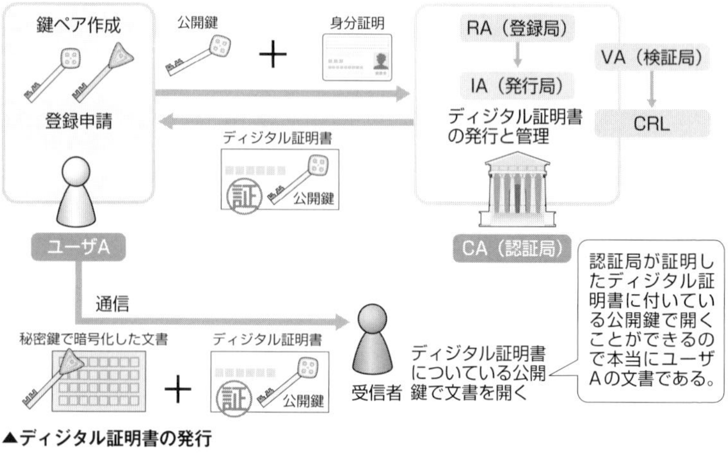

▲ディジタル証明書の発行

合格のツボ

認証局（CA）は，3つの機関からなっている
- 登録局（RA）……ディジタル署名の登録作業を行う
- 発行局（IA）……ディジタル証明書の発行を行う
- 検証局（VA）……ディジタル証明書の検証を行う

● プライベートCA

現在，行政機関や民間企業が認証局としての業務を行っています。ディジタル証明書の発行にはお金も時間もかかるため，社内での利用には自前の認証局（プライベート認証局，プライベートCA）を使うことがあります。

自前でOKって，それならば普通のCA要らないですね。

注意

プライベートCAは認証局としての信頼がないため，社外業務では利用できないのが一般的です。

ディジタル証明書の失効とCRL

ディジタル証明書には**有効期限**が設定され，有効期限を過ぎた証明書は効力を失います。また，有効期限内であっても，鍵を紛失したり盗難されたりした場合は，認証局に届け出てディジタル証明書を失効させます。事故が生じたときなどに，認証局が認証を取り消す場合もあります。

● ディジタル証明書の有効期限

重要

重要

ディジタル証明書の有効期限は，ディジタル証明書内に記載されています。この記載形式の名称は覚えておきましょう。**X.509**です。ITU-Tの勧告です。期間内に失効したディジタル証明書はリスト化されて公開されます。このリストのことを**CRL**（**証明書失効リスト**）といいます。ディジタル証明書の運用時にCRLをチェックするのは必須知識で，本試験でも問われます。

ディジタル証明書のある会社だったら，安心して取引できますね。

ディジタル証明書は，本人が実在して鍵を保有していることを証明しますが，それ以上のものではありません。例えば財務状況は分かりません。

こんな問題が出る！

CRL (Certificate Revocation List) はどれか。

ア　有効期限切れになったディジタル証明書の公開鍵のリスト
イ　有効期限切れになったディジタル証明書のシリアル番号のリスト
ウ　有効期限内に失効したディジタル証明書の公開鍵のリスト
エ　有効期限内に失効したディジタル証明書のシリアル番号のリスト

解説　知識問題ですが，仮にCRLを正確に覚えていなくても，

有効期限切れであるかどうかはディジタル証明書を見れば分かる
↓
わざわざCRLを見るからには別の要素を確認するはず
↓
有効期限内に失効したかどうかが正答要素

と導く応用力が求められます。シリアル番号か公開鍵かという点についても，広く告知するためには一覧性の高いシリアル番号を使うのが合理的，と考えることで正答に至ることができます。

解答：エ

セキュリティ

08 マルウェア

出題ナビ

マルウェアの主要な感染経路はメールです。予防が主に問われますが，午後問題では「感染させてしまったとき」の出題もあります。「感染の事実を秘密にしないこと」，「二次感染させないこと」は，実務でも必須の知識です。身代金の要求など，金銭目的のマルウェアも増加しています。

マルウェアとは

コンピュータ上で動作するプログラムの一種です。有用なものが一般的なソフトウェア，悪意のあるものが**マルウェア**と呼ばれています。現代では膨大な量のPC向け，スマートフォン向けのマルウェアが流通しており，マルウェア対策は必須です。

「マルウェア」と「ウイルス」って違うんですか？

一般的には「ウイルス」と言いますが，ウイルスはマルウェアの一部分を指す用語なので，「悪意のあるソフトウェア全般」を表す場合は「マルウェア」を使うのがよいでしょう。

▼マルウェアの区分け

ウイルス	他のプログラムに寄生する
ワーム	寄生せず，独立して破壊活動を行う
トロイの木馬	有用なプログラムとして機能しつつ，破壊発動も行う

マルウェアの定義

経済産業省の「コンピュータウイルス対策基準」では，次の3つのうち1つ以上を持つものをマルウェアとしています。

自己伝染機能	自分自身のコピーを作って，感染を広げていく機能
潜伏機能	感染しても，しばらくおとなしくしている機能
発病機能	実際に悪意のある行動を行う機能

合格のツボ

マルウェアのポイント
- 主要な感染経路はメール，不明なURLを踏むこと
- マルウェアの入ったUSBを落としておくなど，手口の多様化が進む
- 出所不明なファイルは開かない，感染したらネットワークから切断
- 特定企業・個人に狙いを絞った標的型攻撃は，対策が困難

スマートフォンのセキュリティ

攻撃者が新たな攻撃目標としているのが，スマートフォンです。

> スマートフォンのリスクが高まっている
> ・重要な個人情報が入っている
> ・PCより情報リテラシが低い人の割合が多い
> ・セキュリティ対策も忘れがち

スマートフォンにはPC以上に，個人情報が蓄積される傾向があるため，厳重な注意が必要です。セキュリティ対策ソフトの導入はもちろんですが，スマートフォンのセキュリティの要である**パーミッション管理**（アプリのインストール時に，「この機能とこの機能を使う」と利用者に許可を求めてくる）をきちんと行うことが重要です。

● BYOD

重要

出題のポイントになるのが，私物のモバイル端末を業務に利用する**BYOD**です。企業側の管理が及ばない部分があるため，セキュリティのリスクも指摘されています。

本試験では，私物端末を業務用のLAN等に接続する際に，検疫ネットへの接続を必須化するなどのシナリオが設定されます。

合格のツボ

BYODでは
- BYODを容認するか拒否するか，まず態度を決める
- 黙認の形で私物携帯を持ち込むのはNG。本試験で注意
- 検疫ネットで安全を確認してから，社内LANに接続

セキュリティ

09 LANにおけるセキュリティ対策技術①

出題ナビ

ファイアウォールが何の情報でフィルタリングを行うかは頻出。種類や状況によって異なるので，試験問題を読み込みましょう。フィルタリングルール表を読む出題は定番なので，過去問で形式をつかんでおくと得点源にできます。使える情報が増えるほど緻密な制御が行えますが，処理負荷は増大します。

ファイアウォール

セキュリティシステムを構築する場合，ネットワークを内（ローカル）と外（リモート）に分けるのが一般的です。内と外の境界に設置し，外側から有害な通信が入ってこないように，また内側から機密情報が出ていかないように取捨選択を行うのが**ファイアウォール**です。

レイヤ3フィルタリング（IPアドレス使用）

ファイアウォールが通信の許可／拒否を行う判断を，レイヤ3の情報，すなわちIPアドレスを使って行うタイプです。フィルタリングに際しては，**フィルタリングルール表**（ルールベース）の作成が必要です。

重要

▼IPアドレスによるフィルタリングルール例

順番	送信元IPアドレス	送信先IPアドレス	適否
1	192.168.0.1	すべて	○
2	すべて	10.0.0.1	○
3	すべて	すべて	×

2ステップで覚える！

フィルタリングルール

1. ルールは上から適用されていくので，順番に気をつける
2. セキュリティ上は原則すべての通信を拒否，例外的に××の通信はOKとやるのが望ましい（現実的には困難なこともある）。

● 利点と弱点

ファイアウォールのフィルタリングルールのうちでも，最もシンプルなものです。IPパケットのヘッダを参照するだけで通信の可否を判断できるので，負荷が少なく高速に動作しますが，判断根拠がIPアドレスであるため，通信の**許可／拒否はノード単位**になります。あるPCからの，このソフトの通信はOKだけど，別のソフトからの通信はダメ，といったルールは作れません。

それを無理にこのルールの枠内で制御しようとすると，あるPCからの通信は全部受け入れるといったふうになるので，脆弱性のもとになります。

レイヤ4フィルタリング（+ポート番号，プロトコル種別）

IPアドレスに加えて，レイヤ4，すなわちトランスポート層の情報も考慮して通信の可否を判断するタイプのファイアウォールです。TCPはOKだけどUDPはダメだとか，80番ポートはOKだけど25番ポートはダメだとか，そういう判定の仕方ができます。

▼ポート番号によるフィルタリングルール例

順番	送信元ポート番号	送信先ポート番号	適否
1	すべて	TCP 80 (http)	○
2	すべて	TCP 25 (smtp)	○
3	すべて	すべて	×

L4の情報も使うことで，より現実的なフィルタリングを行うことができるようになります。例えば，Webサーバであれば，80番ポートへの着信は許可するが，それ以外のポートはお断りといった運用がしたいところです。L3フィルタリングでは不可能ですが，L4フィルタリングではこれが可能になります。

合格のツボ

L4フィルタリングでは，意図せず開いてしまっていたポートが，ポートスキャンによって狙われるリスクを最小化できる

● 利点と弱点

L4フィルタリングでは，ソフトウェア単位の通信制御ができます。L3フィルタリングよりやや負荷が増えますが，後述するL7フィルタリングに比べればたいしたことはありません。

注意

あくまでもポートを根拠にフィルタリングするので，WebはOK，メールはダメのような判断はできますが，**顧客のメールはOK，迷惑メールはダメとはできません**。ポート番号的にはどちらも同じメールです。

● 返信はOK

自社のクライアントがWebサーバと通信するとき，出て行く通信を制御するのは容易です。例えば，「宛先が80番ポートになっている通信を許可」することで実現できます。

レイヤ7フィルタリング

レイヤ7，つまり**アプリケーション層の情報**をもとにして，フィルタリングを行うファイアウォールです。

アプリケーションにはたくさんのプロトコルがありますから，L7フィルタリングを導入する際には，自分が使いたいプロトコルに対応しているかどうか確認する必要があります。よく使われるのは，HTTP，SMTPに対応したタイプです。

特定のプロトコルに特化して，そのプロトコルで脆弱性になる要素をチェックできるので，きめ細かいフィルタリングが可能です。**ステートフルインスペクション**に対応しているものが多いのも特徴です。

合格のツボ

- ステートフルインスペクション
  → **パケット単体ではなく，その前後のパケットも含めて（文脈を見て）通信の可否を判断する方法**
- ステートフルインスペクションでは，リクエストを送信した事実がないのに，ACKフラグ付きの「返信」が来ているなど，パケット単体では分からない不審な通信を洗い出せる

● 利点と弱点

利点は，個々のプロトコル特性に応じた丁寧なフィルタリングができることです。一方，多くのアプリケーションを運用している状況ではあれもこれもとなりがちで，導入・運用の負荷は確実に増えます。

全部L7フィルタリングにしてしまえばいいのでは？

L3，L4フィルタリングに比べると格段にリソースへの負荷が増大します。通信の遅延を引き起こすことも多いので，安易に導入するとひどい目に遭います。そのための容量計画をテーマにした出題もあります。

▼L3，L4，L7フィルタリングの比較

	判断根拠	利点	欠点
L3	IPアドレス	通信機器への負荷が小さい	通信の許可／拒否の判断がマシンごとになってしまい，きめ細かさに欠ける
L4	IPアドレス＋ポート番号	バランスが取れている	通信の許可／拒否の判断がポートごと（ソフトごと）なので，許可されているポートへの不正通信が検出しにくい
L7	IPアドレス＋ポート番号＋アプリケーションデータ	最もきめ細かく通信の適否を判断することができる	通信機器への負荷が大きく，高速な処理が必要な場合は機器費用が増大する可能性も。設定項目も多岐にわたる

➔ 午後問題はこう出る！

F社は，中堅の輸入食品卸売会社であり，5年前から営業支援システムを運用している。F社における現在の営業支援システムのネットワーク構成を，図1に示す。

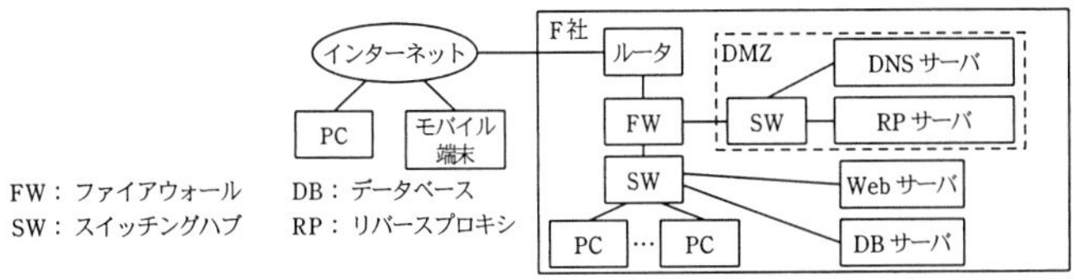

図 1　現在の営業支援システムのネットワーク構成（抜粋）

F社の営業部員は，社内では自席のPCを使い，社外ではモバイル端末を使って，営業支援システムにアクセスする。

営業支援システムが提供している主なサービスは，次のとおりである。

(1) 案件管理サービス

営業部員がWeb画面のメニューから，活動中の営業内容をDBに登録し，随時更新することで進捗状況を管理する，対話型のサービスである。自席のPCからは，社内のネットワークを通じてWebサーバにアクセスするが，モバイル端末からはSSLを実装したRPサーバを経由して，Webサーバにアクセスする。

(2) 商品検索サービス

Web画面のメニューから，F社で取り扱っている多種多様な商品を検索できる照会サービスである。営業部員だけでなくF社の顧客を含めた一般の利用者も，インターネットに接続されたPCなどの端末を使って，RPサーバを経由してアクセスすることができる。

〔現在のネットワーク構成の問題点〕

最近になって，営業部員から情報システム部に対して，“外出先からアクセスしたとき，Webサーバのレスポンスが以前より悪くなった”とのクレームが寄せられた。そこで，FWのアクセスログを確認したところ，インターネットからのアクセスが2～3か月前から増大していることが判明した。営業部員数や業務量は以前と変わらず，一般の利用者からのアクセスが急増するような新商品の発売もなかったので，情報システム部では，原因は不正なアクセスではないかと考え，ピーク時間帯における30分間のFWのアクセスログを分析し，表に示すあて先ポート別分析レポートをまとめた。

表　FWのアクセスログのあて先ポート別分析レポート（抜粋）

送信元IPアドレス	あて先IPアドレス	プロトコル	あて先ポート番号	受信件数	通過可否
（グローバル）	（RPサーバ）	TCP	1	151	否
（グローバル）	（RPサーバ）	TCP	2	150	否
（グローバル）	（RPサーバ）	TCP	3	152	否
⋮	⋮	⋮	⋮	⋮	⋮
（グローバル）	（RPサーバ）	TCP	80	8,976,340	可
（グローバル）	（RPサーバ）	TCP	81	150	否
⋮	⋮	⋮	⋮	⋮	⋮
（グローバル）	（RPサーバ）	TCP	443	638	可
⋮	⋮	⋮	⋮	⋮	⋮
（グローバル）	（RPサーバ）	TCP	65534	153	否
（グローバル）	（RPサーバ）	TCP	65535	152	否

注1　（グローバル）は，複数のグローバルIPアドレスの総称を指す。
注2　（RPサーバ）は，RPサーバのIPアドレスを指す。

分析レポートの内容を確認したところ，3か月前のレポートと比較して，正常なアクセスに加えて，インターネットの特定のグローバルIPアドレスからの不正と思われるアクセスが大量に記録されていた。このことによって，RPサーバの負荷が増大し，レスポンス悪化の原因となっていることが分かった。これを受け，情報システム部は，営業支援システムのセキュリティ向上のためのプロジェクトを立ち上げ，担当にはH君が任命された。

H君が営業支援システムのネットワーク構成を確認した結果，現在のFWには不正なアクセスに対する高度な検知機能がないことを確認した。また，FWは1台だけの構成となっており，故障が発生した場合の代替機がないことも確認した。そこでH君は，FWの機能に詳しいベンダE社のG氏に助言を求めた。

次は，FWの機能向上に関するH君とG氏の会話である。

H君：不要なポートをブロックするなど，パケットのTCPヘッダを参照して不正侵入を防ぐFWの機能を利用していましたが，今回のような攻撃は防御できていません。不正侵入を確実に防ぐには，どのような仕組みが必要でしょうか。

G氏：現在の構成では，FWで通過が許可されているパケットを使った不正侵入は防御できないので，より高度な機能をもった侵入検知システム（以下，IDSという）が必要です。IDSには，監視対象のネットワークに設置するネットワーク型IDSと，監視対象のWebサーバなどにインストールするホスト型IDSの2種類があります。

また，侵入検知の仕組みとして，不正なパケットに関する一定のルールやパターンを使うシグネチャ型と，平常時のしきい値を超えるアクセスがあった場合に不正と見なすアノマリ型（異常検知型）の2種類があります。アノマリ型の場合，しきい値を高く設定したときだけでなく，①しきい値の設定が低すぎたときにも弊害が発生するので，注意が必要です。

…中略…

設問 〔現在のネットワーク構成の問題点〕について，(1)～(2)に答えよ。

(1) FWで防御できない不正と思われるアクセスとは何か。表を参考にして，20字以内で述べよ。

(2) G氏が指摘した，TCPヘッダのチェックやしきい値の設定では識別できないようなWebサーバへの攻撃に対応するために，侵入検知の際に着目すべきパケットの部分を，15字以内で述べよ。

解説

(1)

ここでいうFWの機能とは，H君とG氏の会話から，ポートのブロックを指していることが分かります。表ではTCP80番ポートへの着信が突出しており，問題文の記述とあわせて不正アクセス（DoS攻撃）を疑わせるものです。しかし，TCP80，443番ポートはhttp，https通信に必要であり，ポートを閉じて防御することができません。

(2)

パケットはヘッダとペイロードから構成されています。ヘッダでなければペイロードを検査することになります。

解答：(1) TCP80番ポートに対するDoS攻撃
(2) パケットのペイロード部分

セキュリティ

10 LANにおけるセキュリティ対策技術②

出題ナビ

Webアプリは構造上，不特定多数からの通信を受け付けます。フォームなどで利用者が情報を入力する場面が多くなるため，脆弱性が紛れ込む余地が多くなります。そこで，Webアプリに特化して通信のチェックを行うWAFが注目され，出題が増えています。「Webに特化」しているのが最大の特徴です。

WAFとは

重要

Webアプリケーションファイアウォール（**WAF**）はWebアプリを守ることに特化したセキュリティ機器です。いわゆるFWがL3～L4の情報を主に用いて通信の可否を決めるのに対して，WAFは運用するWebアプリが使うL7のデータを参照します。Webアプリに特化しているので，汎用的なL7ゲートウェイとも異なります。特定のWebアプリの脆弱性を保護できる反面，他のアプリケーションや異なるレイヤの脅威には対応しないことに注意してください。

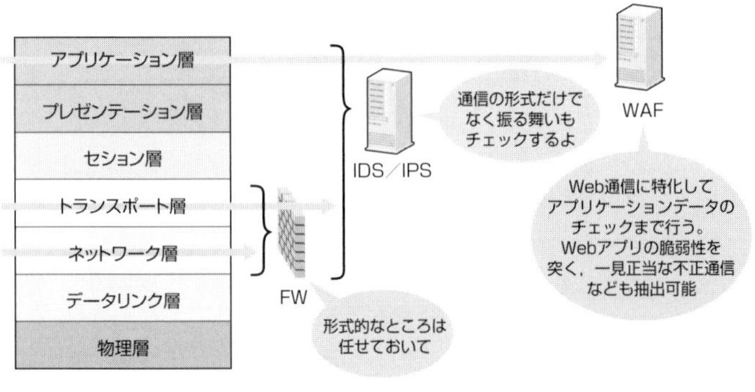

▲WAFのイメージ

そうはいっても，Webの通信でhttpsとかを使ってるの知ってますよ。暗号化されているからチェックできないのでは？

WAFはhttpsを復号して，通信内容をチェックします。リクエスト等に矛盾がないかチェックするためにコンテンツをキャッシュして照らし合わせているものもあります。

切り捨てて覚える！

WAFの分類……要点は2つ

- ポジティブモデル……通信原則拒否。条件に一致する通信（ホワイトリスト）のみ例外的に許可
- ネガティブモデル……通信原則許可。条件に一致する通信（ブラックリスト）のみ例外的に拒否

合格のツボ

- WAFはチェック項目が多い
- システム性能の計画を行わないと，WAFがボトルネックになってシステムのスループットが悪化することがある

こんな問題が出る！

WAF（Web Application Firewall）のブラックリスト又はホワイトリストの説明のうち，適切なものはどれか。

ア　ブラックリストは，脆《ぜい》弱性のあるサイトのIPアドレスを登録したものであり，該当する通信を遮断する。
イ　ブラックリストは，問題のある通信データパターンを定義したものであり，該当する通信を遮断するか又は無害化する。
ウ　ホワイトリストは，脆弱性のないサイトのFQDNを登録したものであり，該当する通信を遮断する。
エ　ホワイトリストは，問題のある送信データをどのように無害化するかを定義したものであり，該当するデータを無害化する。

解説　ホワイトリストは許可する通信をリスト化したものですから，登録する情報は安全が確認されているノードやサービスのIPアドレス，ポート番号や，データのパターンになります。一方のブラックリストは拒否する通信のリストですから，リスクのあるノードやサービスのIPアドレス，ポート番号，データパターンを登録することになります。

解答：イ

覚えにくいを覚えやすく

L7フィルタリングとWAF

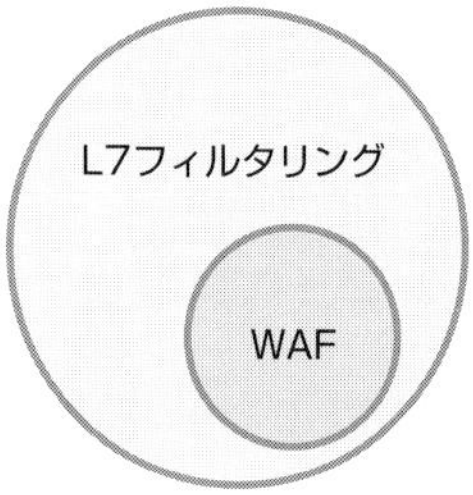

両者は包含関係にあります。

・レイヤ7の情報をもとにフィルタリングを行うのがL7フィルタリング
・L7情報には，SMTPやHTTPがあるが，HTTPに特化したのがWAF

　L7情報を利用した攻撃のほとんどがWebアプリを狙っていることから，HTTP対応のL7フィルタリングが突出して使われ，WAFという特別な名前がついたと覚えます。

　Webアプリに焦点を絞っているため，**手間のかかるホワイトリスト方式を採用できる**のも特徴のひとつ。

DMZ

DMZは，内側（LAN）と外側（WAN）の間に緩衝地帯として設置する，第3のゾーンのことです。主に公開サーバを置くのが目的です。公開サーバはLAN側に置くとLANのセキュリティが下がり，WAN側に置くとあまりにも危険なことが悩みの種でしたが，その中間のゾーンをつくって問題を解消しました。

図で覚える！

DMZからLANへの通信を許可しない！

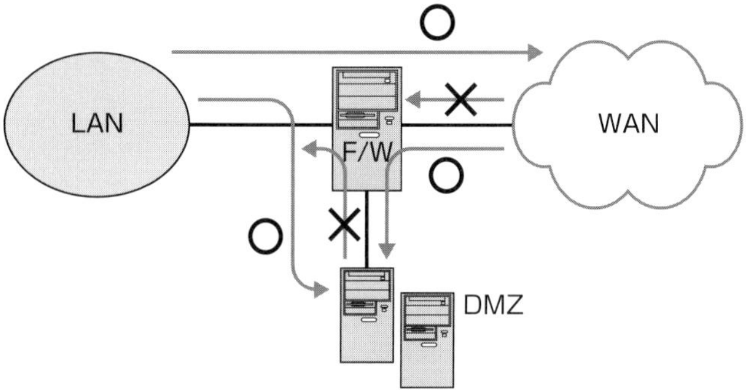

これを許可してしまうと，WAN→DMZ→LANという，DMZを踏み台とした攻撃が成立してしまう。

合格のツボ

DMZでのポイント

- DMZ→LANの通信は基本的に「拒否」する！
- DMZを身内と考えると盲点になりやすい！
- DMZには公開サーバを置く

セキュリティ

11 リモートアクセスの認証で使われる技術

出題ナビ

営業所などの拠点に対してリモートアクセスを行う技術です。現在のメインはTLSですが，PPP等も依然として出題されます。RADIUSを中心に仕様を覚えましょう。RADIUSが課金管理にも使えることは盲点です。アクセスサーバでパスワードが復号されないこととあわせて，午前問題で狙われます。

リモートアクセス

ファイアウォール等を使ってLANに至る経路に関所を設けるわけですが，遠隔地からLANを使いたい場合，正規の利用者にのみ門戸を開放する必要があります。そのために使われるリモートアクセス用の技術をいくつか見ておきましょう。

● PPP

古くから使われているリモートアクセス用のプロトコルです。インターネットへのダイヤルアップや，遠隔地LANへの接続に使われ，PAPやCHAPなどの認証機構を持っています。アクセス経路としては**公衆回線網**を想定していますが，イーサネット上で使うPPPoEなど多くのバリエーションがあります。

● SSL/TLS

SSLはインターネットで広く使われているセキュリティ通信のプロトコルです。**暗号化**と**認証**の機能があります。もともとネットスケープ社が開発した技術で，標準化され**TLS**となりました。本試験では，両者の違いを意識する必要はありません（詳しくは次の節を参照）。

PPPの認証技術

● PAP

注意

PAPは最も基本的な認証プロトコルです。パスワードを平文で送ってしまうので，本試験で出てきたら要注意です。

● CHAP

CHAPはチャレンジレスポンス方式を使うことで，ネットワーク上にパスワードを送信しない工夫がされた認証プロトコルです。

● EAP

PPPでは，PAPかCHAPを使うことが想定されていましたが，CHAPの脆弱性も指摘されているため，EAPが利用されるようになりました。**EAP**は認証方式を複数から選べるようになっているのが特徴で，EAP-TLS，EAP-PEAP，EAP-MD5などがあります。

重要

合格のツボ

- PAPはパスワードを平文で送信するので，本試験で出てきたら，まず改善対象としてマークする
- CHAPはチャレンジレスポンス方式。ネット上にパスワードが流れない

RADIUS

RADIUSは，重要な認証システムです。アクセスサーバを作っていたメーカが開発したプロトコル（RADIUSのDIは，ダイヤルインを表す）であるため，**認証機能**と**課金機能**（ログ管理機能）を持っているのが特徴です。

重要

切り捨てて覚える！

RADIUSは
- クライアント／サーバ型
- RADIUSサーバに接続するアクセスサーバ数には制限がない
- トランスポート層プロトコルとして，UDPを使う

午前問題では，この辺りの仕様がストレートに問われます。午後問題対策としては，ログの取得項目として，接続時間，送受信データ量，コールバックID，IPアドレス，ポート番号などを知っているといいですが，

おそらく問題文中で補足があるはずです。

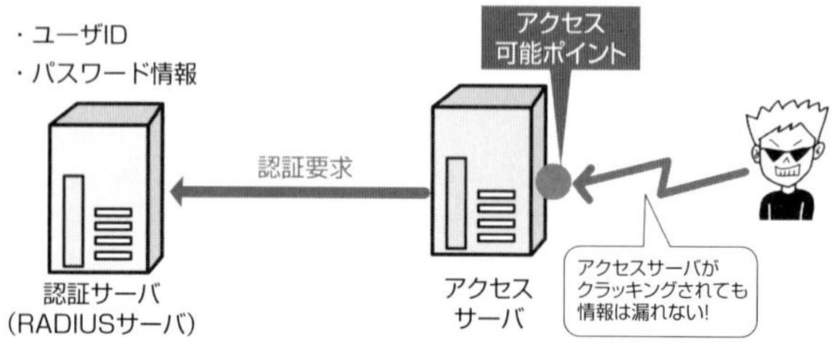

注意

リモート回線や無線LANのアクセスポイントに接続すると，クライアントから送信された認証情報は，アクセスポイントを経由してRADIUSサーバに転送されます。

・このとき，認証情報は暗号化されている
・復号するのは，RADIUSサーバ

重要

ノードやアクセスポイントの数が増えても，認証情報の管理はRADIUSサーバだけで行うこと，外界への玄関口である**アクセスサーバに認証情報を置かない**ことがRADIUSの特徴です。

出題パターンとして注目していただきたいのは，**IEEE 802.1X**との抱き合わせです。

合格のツボ

- **IEEE 802.1Xは，(有線，無線にかかわらず)LANに接続する機器を認証する規格**
- **認証サーバとしてRADIUSを使う**

認証機能を持つスイッチにノートPCを接続すると，スイッチはノートPCに認証情報（パスワードや，ディジタル証明書）を要求し，これが送られてくるとRADIUSサーバへ転送します。RADIUSサーバが認証して，初めてLAN接続を有効にします。

Kerberos

Kerberosも，RADIUS同様，認証システムの名前です。こちらも午前，午後ともに出題実績があります。

合格のツボ

Kerberosは

- **暗号化アルゴリズムを任意に選べる**
- **レルムという，ドメインのような概念がある**

現代的なセキュリティシステムでは一般的ですが，将来的な環境変化に対応するために暗号化アルゴリズムが固定されていません。

重要

レルムは，DNSでいうドメインに似た概念です。レルムに参加するコンピュータ（**プリンシパル**）は鍵データを**KDC**（**鍵発行局**）に登録して，認証を受けます。

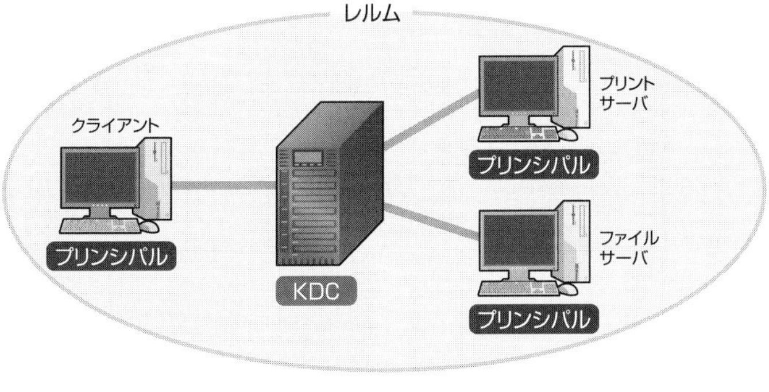

KDCは3つの要素で成り立っています。

1	AS（認証サーバ）	クライアントの認証を行う
2	TGS（チケット発行サーバ）	認証情報を暗号化した「チケット」の発行を行う
3	KDB（鍵データベース）	プリンシパルの共通鍵を管理する

12 TLS

出題ナビ

出題者に圧倒的に人気なのがTLSです。通信手順まで含めて，しっかり理解しておきましょう。誰をどうやって認証しているかがポイントです。本来の用途であるhttpsの他にSSL/TLS-VPNなどの出題もあるので，勘違いで取りこぼさないように注意しましょう。

TLS

重要

TLSはインターネットで広く使われているセキュリティ通信のプロトコルです。ネットスケープ社がhttpの暗号化通信（https）のために開発したSSLがもとになっていて，ディジタル証明書で通信相手を認証する機能を持っています。標準化され**TLS**となりました。

TLSはアプリケーション層から見た場合，TCPとの間に位置し，TCPのように使うことができます。そのため，TCPを使うソフトは大きな変更なく，TLSを使うことができると考えてOKです。この点がリモートアクセスで威力を発揮します。

▼各層にあるセキュアなプロトコル

セキュアなプロトコル名	利用される階層
TLS	トランスポート層～セッション層
IPsec	ネットワーク層
L2TP/PPTP	データリンク層でVPNの通信路を確立するのに使われるトンネリングプロトコル

暗号化通信をするプロトコルですよね。

認証（サーバ認証やクライアント認証）もできるところが盲点になります。
httpsのWell-knownポートが443番であることも，覚えておきましょう。

● 認証のレベル

TLSは認証と暗号化を行うプロトコルで，認証にはディジタル証明書を使います。サーバ認証は必須ですが，クライアント認証はオプションになっています。サーバ証明書は認証の水準によって3つに分類されています。

- **DV**（ドメイン確認）……ドメインの実在と使用権をもとに証明証を発行
- **OV**（組織実在確認）……ドメイン＋組織の実在をもとに証明書を発行
- **EV**（拡張確認）……CAブラウザフォーラムのEVガイドラインをもとに発行。最も厳格で，ブラウザのアドレスバーが緑になるなどの特典がある

合格のツボ

TLSは

- **アプリケーションソフトとTCPの間に位置する**
- **httpsが主用途だが，アプリに依存せず，他の用途にも使える。SSL/TLS-VPNが好例**
- **拠点間通信にはIPsec，リモートアクセスにはSSL/TLS-VPNが向いている**

TLSの通信手順

TLSの通信はコネクションを確立するハンドシェイクと，実際にデータを伝送するステップに分けることができます。本試験で問われるのは多くがハンドシェイクの部分です。

● ハンドシェイクでTLS通信を確立

このステップでは，サーバを認証して暗号鍵を作ります。

3ステップで覚える！

TLSでの伝送路の確立手順
① サーバを認証する
② 暗号化アルゴリズムを決める
③ 暗号化鍵とMAC鍵を作る

注意

TLSでは複数の暗号化アルゴリズムを認めており，クライアントが使える暗号化アルゴリズムを送信し，その中からサーバが1つを選びます。このとき，サーバからクライアントへディジタル証明書が送られ認証が行われます。

暗号化鍵とMAC鍵は，乱数とクライアントが作ったプレマスタシークレットから作ります。

TLSでは通信の最後にMAC（メッセージ認証コード）を交換します。これは通信内容とMAC鍵（共通鍵暗号方式）から作られるダイジェストで，通信が改ざんされると，送られてきたMACと受信内容から作ったMACが食い違い，検出できます。

● ダウングレード攻撃

セキュアプロトコルはアップデートが繰り返され，安全性が強化されています。しかし，互換性のために古いバージョンや海外仕様の暗号強度が弱いバージョンも使えるように運用している組織は多く，攻撃者はそれを狙って攻撃してきます。これを**ダウングレード攻撃**といいます。ダウングレード攻撃の具体的な例として，出題実績があるのがバージョンロールバック攻撃とPOODLE攻撃です。

バージョンロールバック攻撃は古いバージョンしか使えないクライアントのふりをして，サーバに最新版を選択させないようにする手法です。**POODLE攻撃**はSSL3.0の暗号化アルゴリズムの脆弱性を突く攻撃ですが，これを行うために攻撃者は通信プロトコルをSSL3.0へとダウングレードしようとします。

こんな問題が出る！

SSLによるクライアントとWebサーバ間の通信手順(1)～(5)において，a，bに入る適切な語句の組合せはどれか。ここで，記述した手順は，一部簡略化している。

(1) クライアントからのSSLによる接続要求に対し，Webサーバはサーバ証明書をクライアントに送付する。
(2) クライアントは，保持している［ a ］を用いてこのサーバ証明書の正当性を確認する。
(3) クライアントは，共通鍵生成用のデータを作成し，サーバ証明書に添付された［ b ］を用いてこの共通鍵生成用データを暗号化し，Webサーバに送付する。
(4) 暗号化された共通鍵生成用データを受け取ったWebサーバは，自らの秘密鍵を用いてこれを復号する。
(5) クライアントとWebサーバの両者は，同一の共通鍵生成用データによって共通鍵を作成し，これ以降の両者間の通信は，この共通鍵による暗号化通信を行う。

	a	b
ア	クライアントの公開鍵	Webサーバの秘密鍵
イ	クライアントの秘密鍵	Webサーバの公開鍵
ウ	認証局の公開鍵	Webサーバの公開鍵
エ	認証局の公開鍵	Webサーバの秘密鍵

解説

【空欄a】

サーバのディジタル証明書を検証するには，ディジタル証明書を発行した認証局の公開鍵が必要です（PKIを参照）。認証局が公開している公開鍵を使います。

【空欄b】

サーバのディジタル証明書にはサーバの公開鍵が含まれています（X.509を参照）。これを使うことで，暗号化通信を始めることができます。

解答：ウ

● データの伝送

ハンドシェイクで安全なコネクションが確立されると，データ伝送が始まります。ここで使われるのは**TLS Recordプロトコル**です。ここでもMACが，改ざん対策として使われています。

▼TLS Recordプロトコルの手順

① 送りたいデータが大きいときはフラグメント（断片化）する
② フラグメントに，そのフラグメントのMACを加えてパケットを作る
③ フラグメントとMACを暗号化し，Recordヘッダをつけて送信する

注意

SSLは脆弱性も多く発見されており，実業務の現場ではその役割をほぼ終えたと考えられます。しかし，本試験ではまだ出題される可能性があるので注意してください。その場合，「TLS」とほぼ同じ意味で使っているのか，ダウングレード攻撃などのように「SSL」であることに特別な意味を持たせているのかを，問題文の文脈からよく読み取るようにしましょう。

合格のツボ

TLSでの通信のポイント

- クライアントは，サーバが送ってきたディジタル証明書でサーバを認証
- TLSの改ざん検知のキモはMAC。通信内容から改ざんできないMACを生成
- MAC鍵が共通鍵暗号方式である点に注意

13 VPN

出題ナビ

直訳すると仮想専用線網ですが，公共ネットワークの中に仮想的に専用線を作る技術です。公共ネットワークの低コストと利便性，専用線の安全性のいいとこ取りを狙うやり方です。認証と暗号化が利用されるので，元のパケットを暗号化することで中継する機器に影響がでないかに注意しましょう。

2ステップで覚える！

VPNの役割と目的

1. 暗号化で，公共の伝送路内に不可侵な伝送路を作る
2. 認証で，安全な伝送路につなぐ端末のなりすましを防止する

VPNの種類

注意

利用するインフラによって，VPNを種類分けできます。本試験対策としては，**インターネットVPN**と**IP-VPN**の2つを理解する必要があります。

● インターネットVPN

伝送路としてインターネットを利用します。インターネットの普遍性を生かせ，アクセスする場所を選ばないのが長所です。モバイル機器を使って，自社にアクセスするようなシステムで利用されます。

● IP-VPN

伝送路として通信事業者の広域IP網を利用するVPNです。通信事業者の制御が効くネットワーク上でサービスが展開され，通信帯域や稼働率の保証など，ビジネス用途に向いたメニューが揃っています。

モバイル機器によるアクセスにも対応が進んでいますが，基本的には本店と支店を結ぶような，**拠点間接続に向いたサービス**です。

コツ

VPNの2つのモード

VPNの通信モードは2種類あり，これが本試験では絶対の頻出事項になっています。トランスポートモードとトンネルモードです。

● トランスポートモード

トランスポートモードでは，端末がデータの暗号化・復号を行います。そのため，通信経路すべてが暗号化されることになります。モバイル機器を使って，いろいろな場所からVPNアクセスを行いたい場合にトランスポートモードを使います。

通信の最初から最後まで暗号化されるとか最強ですね。死角なし。

そうすると，どうしてもヘッダを暗号化するわけにいかなくなります。また，VPNを使う全端末にVPNソフトをインストールするのも面倒です。

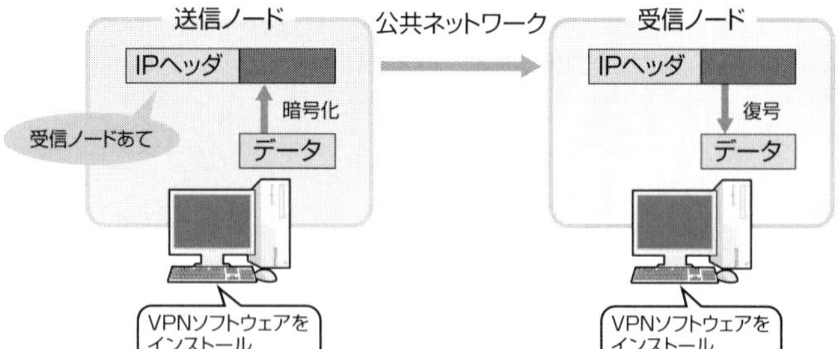

▲トランスポートモード

合格のツボ

トランスポートモードは

- **端末（エンドノード）が，通信データの暗号化と復号を行う**
- **通信経路のすべてが暗号化される**

● トンネルモード

送信側ネットワークと受信側ネットワークに**VPN装置**（**VPNゲートウェイ**）を立てて，暗号化と認証を行います。VPNの管理をVPN装置に集約できるので，多くの端末を擁する環境では導入とメンテナンスの手間を小さくできます。

VPN装置に挟まれたところだけの暗号化ということは，トンネルモードはあまり強くない暗号化といえないですか？

いいえ。送信されたIPパケットそのものを，ヘッダを含めて暗号化できます。端末の設定変更も最小限です。

トランスポートモードと比べどちらが優れているというものではなく，用途に応じて使い分けます。

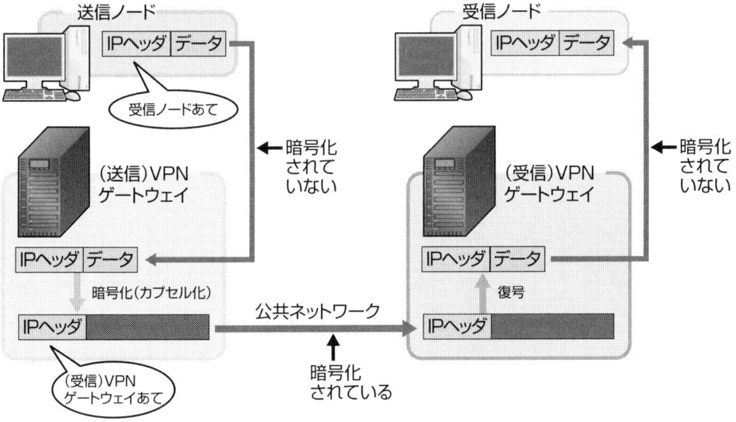

▲トンネルモード

合格のツボ

トンネルモードは

- **VPN装置が，通信データの暗号化と復号を行う**
- **VPN装置に挟まれた部分が暗号化される**

VPN装置からVPN装置へと送られるパケットは，VPN装置で新たに作られます。端末からVPN装置へと送られた元のパケットはIPヘッダごと暗号化されて，新パケットのペイロードになります。

合格のツボ

トンネルモードでは

- **内部ネットワークではIPパケットが暗号化されていない**
- **途中で本来の送信元，あて先IPアドレスが変更されるため，認証システムに蹴られる恐れがある**

午後問題はこう出る！

S社は，全国に100店舗以上のインターネットカフェをフランチャイズ方式で展開している企業である。本部は，商標権，営業権などの権利をもち，加盟店（以下，FCという）に営業ノウハウ，顧客管理システム，販売管理システムなどを提供している。

〔現在のネットワーク構成〕

店舗の利用者は，会員登録をしなければならないが，ある店舗で登録すれば，全国の全ての店舗でサービスを受けられるようになる。会員が利用するPC（以下，会員用PCという）は，インターネットに接続されている。会員が利用するネットワーク（以下，会員用NWという）の構成及びセキュリティ対策については，本部からのガイドラインはあるが，各FCに任されている部分が大きいので，FCごとに異なっており，本部では把握できていない。

図1は，S社のネットワーク構成の抜粋である。図1中の店舗のネットワーク構成は一例であり，S社が運用を委託しているT社のデータセンタ（以下，DCという）に設置されている業務サーバ（以下，業務SVという）を使用する業務用ネットワーク（以下，業務用NWという）だけが，全ての店舗に共通している。

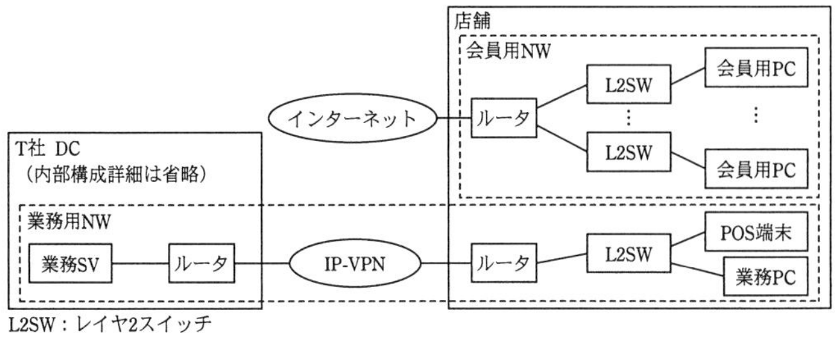

図1　S社のネットワーク構成（抜粋）

DCでは，T社の運用担当者が業務用NWの稼働状態を監視しており，障害を検知すると，S社の担当者にメールで通知する。一方，会員用NWに障害が発生した場合，DCで検知して状況を把握することができないので，店舗の担当者だけで対応している。その結果，解決までに時間が掛かってしまうことが多く，会員からのクレームも増加しており，何らかの対策が急務となっている。

S社では，情報システム部が対策を検討した結果，会員用NWの監視をアウトソーシングすることにした。詳細な検討については，ネットワーク管理者のD君が担当することとなった。

〔ネットワーク監視サービスの検討〕

D君が調査したところ，FCに任されているセキュリティ対策も不十分であることが分かった。また，FCからは，“スキルをもった人材を確保することが困難なので，会員用NWを本部で一元管理し，店舗側での対応を必要最小限に抑えてほしい”という要望もあった。

D君は，これらの問題を解決できるネットワーク監視サービスを調査した。幾つかの会社から提案してもらい，費用とサービス内容を比較した結果，C社のサービスに絞った。C社提案の新ネットワーク構成を図2に示す。

C社の提案には，ネットワーク監視サービスの提供だけでなく，業務用NWを含めたネットワーク構成の見直しも含まれていた。C社によると，“構成の見直しと業務用NWの監視サービスをT社から乗り換えることで，ランニング費用を現状と同等にできる”とのことであった。さ

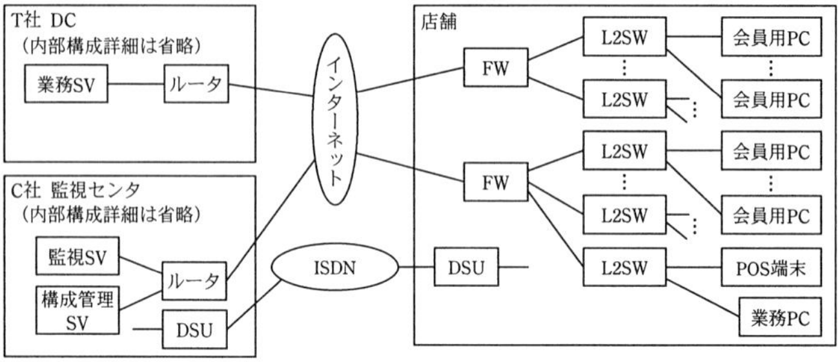

FW：ファイアウォール　SV：サーバ

注記　DSUの先の接続は省略している。

図2　C社提案の新ネットワーク構成

らに，セキュリティ対策と運用上の作業負荷を極力抑えられるように，新たな機器の導入と保守サービスの提案も含まれていた。次は，C社提案の要約である。

(1)　新ネットワーク構成

・DC，店舗，監視センタの接続には，インターネットVPNを利用する。

・DC及び監視センタのルータには，VPN機能をもたせる。

・店舗側のFWは2台構成とし，配下にL2SWを接続する。

・FWには，VPN，Webフィルタリング，ウイルスチェックなどの機能ももたせる（このような複数のセキュリティ機能をもつ装置のことをUTMという）。

・店舗内セグメントでは，L2SWの機能によって，会員用PC間の通信を遮断する。

・会員用PCが勝手に設定変更されたり，ウイルスに感染したりした場合でも，PCを再起動すれば，元の状態に戻せるようなツールを導入する。

…中略…

設問　新ネットワーク構成について，VPNトンネルの設定区間を三つ答えよ。

解説 〔ネットワーク監視サービスの検討〕に,「・DC, 店舗, 監視センタの接続には, インターネットVPNを利用する」と書かれていますから, これを根拠に解答できます。これだけだと機器が確定できませんが,
・DC及び監視センタのルータには, VPN機能をもたせる
・FWには, VPN～中略～などの機能ももたせる
とも書かれているので,「DCのルータ」,「監視センタのルータ」,「店舗のFW」だと分かります。後はこの三者を組み合わせていけばOKです。

解答:①T社DCのルータと店舗のFWの間
②C社監視センタのルータと店舗のFWの間
③C社監視センタのルータとT社DCのルータの間

覚えにくいを覚えやすく

トランスポートモードとトンネルモード

●トランスポートモード
・トランスポート層の役割を思い出す → 「エンドノード間」でのデータ伝送の制御
・送信元から送信先まで,「伝送路のすべて」が暗号化される

●トンネルモード
・「伝送路の一部」にVPN装置を使ってトンネルを作るイメージ
・暗号化されるのは, トンネル部分だけ

通信路のすべてにわたって暗号化されるので, トランスポートモードの方がよさそうに思えますが, **ヘッダは暗号化されない**ことと, **エンドノードすべてに設定変更**の必要があります。

トンネルモードではこれらの関係が逆になり, **LAN内で暗号化がされない**ことが脆弱性としてクローズアップされます。また, IPアドレスを含んで暗号化しているため, **NAT環境で注意が必要**です。

セキュリティ

14 IPsec

出題ナビ

IPv4のオプションとして開発された暗号化，認証プロトコルで，IPv6では標準になっています。出題項目として相当こなれており，かなり突っ込んだ出題が多いので，カタログ的な知識だけでなく，フェーズを含めた通信手順や作られるコネクション，各モードに適した業務まで理解しましょう。

IPsec

暗号化通信のニーズは増加する一方で，PPTPやTLSなど多くのプロトコルが提案されています。プロトコルによって暗号化が行われる階層が異なりますが，**IPsec**はネットワーク層で暗号化と認証を行います。拠点間を結ぶVPN装置間でIPsecが使われる出題パターンが多いです。

重要

IPで暗号化ができるなら最強ですね。他のVPNプロトコルの意味はあるんでしょうか？

下位層のプロトコルであるほど，全範囲の通信をカバーできますが，特定のプロトコルだけ暗号化したい場合は上位層で暗号化します。
IPの構成を変更できない場合などは，他のプロトコルを使います。

暗号通信はリソースと時間を喰うため，何でもかんでも暗号化すればいいわけではありません。用途に応じてプロトコルも使い分けます。

3ステップで覚える！

IPsec通信の流れ

1. 暗号化方式をネゴシエーション（交渉）で決める＝IKEフェーズ
2. 鍵をネゴシエーションで決める＝IKEフェーズ
3. 出来上がったコネクションで暗号化通信を始める＝IPsecフェーズ

SA

IPsecでは，コネクションのことを**SA**と呼びます。VPN装置とVPN装置の間にSAが張られ，データがやり取りされるわけです。問題を解く上で重要になるのは，SAが通信プロセスごとに複数張られることです。特にIPsecでは上り専用，下り専用の片方向の接続になるので，SAが2つ必要になることを覚えておきましょう

注意

合格のツボ

- IKEで作られるコネクションをSAと呼ぶ
- SAは3つ作られる
- ISAKMP SAが1つ，IPsec SAが2つ

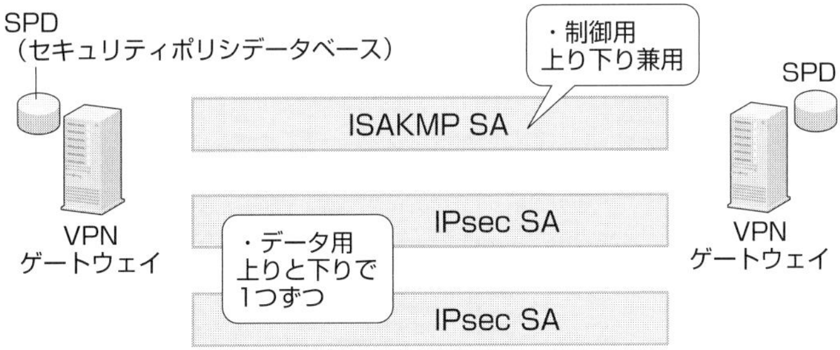

▲SA

とにかく覚える！

ネゴシエーションの相手になりすまされないようIKEフェーズで認証を行うが，この認証方式が問われる。覚えるのは次の3つ。

- 事前共有鍵
- 公開鍵暗号
- ディジタル署名

事前共有鍵を交換する際の方法は，さらに3つに分けることができます。

● メインモード

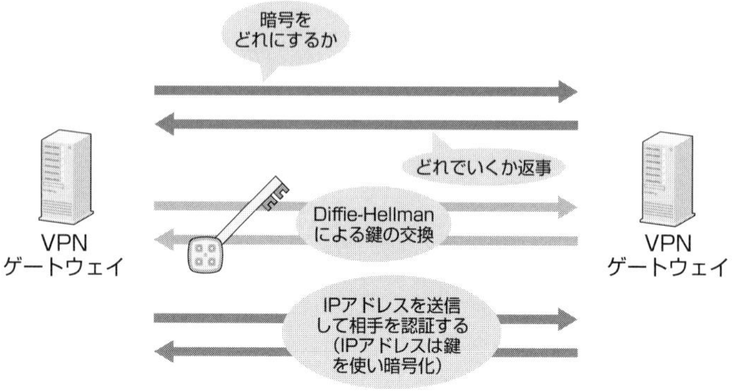

合格のツボ

・メインモードは，IPアドレスを認証に利用しているので，公衆無線LANからモバイル機器でアクセスするような使い方が困難

● アグレッシブモード

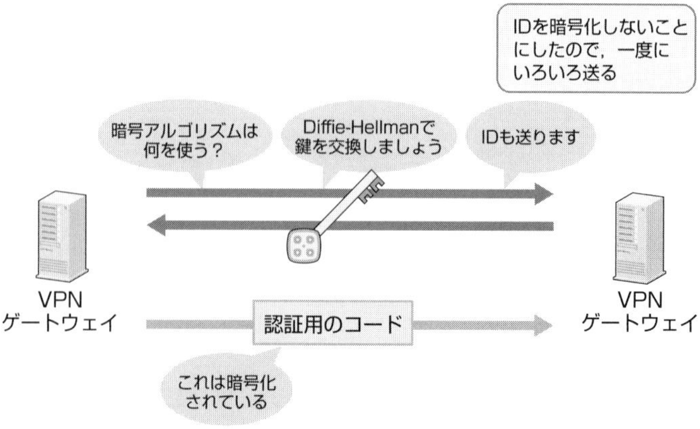

注意

アグレッシブモードは，**暗号化しないでIDを送る**のがミソです。IPアドレスがランダムかつ頻繁に変わるような機器でもVPNを利用できます。

● **クイックモード**

最初にISAKMP SAを作って，そこでIPsec SAに必要なパラメータを交換し，IPsec SAを2つ作ります。IPsec SA作成時の認証手順を**クイックモード**と呼びます。すでにISAKMP SAが確立されているので，認証を簡略化できるからです。

なんでIPsec SAは2つ必要なんですか？

上り通信で1つ，下りで1つ必要だからです。個数が本試験で問われたこともあります。

AHとESP

重要

IPsecはIPのオプションとしてスタートしたので，IPヘッダだけでは必要な情報を載せきれず，オプションのヘッダを付加して使います。そのヘッダには，**AH**と**ESP**の2種類あり，用途が異なります。

対比で覚える！

- AH ……認証だけを行う
- ESP……暗号化と認証を行う

合格のツボ

- AHではパケット全体から，認証用のメッセージダイジェストを作る
- IPアドレスが変わると認証されない

AHはパケット全体からというのがミソで，IPアドレスも含まれ，認証情報の一部として組み込まれます。そのため，NATなど通信中にIPアドレスが変わる環境では，工夫しないと使えません。

それなら，全部ESPにすればいいのでは？

ESPでは，SPIから次ヘッダまでの情報をもとに認証情報を作り，ペイロードから次ヘッダまでの情報を暗号化します。

NATでIPアドレスが変更されても認証されますが，暗号化の有無と認証の範囲が異なるのでなんでもESPにすればいいわけではありません。

こんな問題が出る！

IPsecのAHに関する説明のうち，適切なものはどれか。

ア　IPパケットを暗号化する対象部分によって，トランスポートモード，トンネルモードの方式がある。

イ　暗号化アルゴリズムや暗号化鍵のライフタイムが設定される管理テーブルで，期間を過ぎると新しいデータに更新される。

ウ　暗号化アルゴリズムを決定し，暗号化鍵を動的に生成する鍵交換プロトコルで，暗号化通信を行う。

エ　データの暗号化は行わず，SPI，シーケンス番号，認証データを用い，完全性の確保と認証を行う。

解説　AHは認証のみのプロトコルであることを知っていれば解答できます。

解答：エ

セキュリティ

15 攻撃者が使う攻撃手段

出題ナビ

攻撃者はさまざまな攻撃手段を使います。本試験ではその手口そのものや対策が問われるので，まずは広く浅く攻撃手段を知りましょう。スクリプト攻撃，DoS攻撃，ソーシャルエンジニアリングは定番です。実行プロセスまで含めて理解しておいてください。

主な攻撃手法

● ポートスキャン

攻撃対象マシンのポートにパケットを送信し，応答の有無からそのマシンがどんなサービスを動かしているかを推測します。攻撃の準備行動として行われるので，ログからポートスキャンを発見できるかなどの形で出題されます。

● バッファオーバフロー

重要

定められたデータ領域（バッファ）から溢れる（オーバフローする）データを送信し，システムの誤作動を誘発する攻撃です。送信するデータを工夫すれば，任意のプログラムを実行させることもできます。

● IPスプーフィング

IPアドレスを偽装して，正規のユーザになりすます攻撃方法です。

● 中間者攻撃

重要

MITM（Man-in-the-Middle）攻撃とも略されます。二者間での通信に攻撃者が割り込んで，中継してしまう攻撃方法です。攻撃が成功すると，攻撃者は自由にパケットの中身を閲覧，改ざんできます。

● テンペスト技術

情報機器が発する電磁波を傍受して，不正に情報を取得する方法です。ケーブルから漏えいする電磁波からパケットを取得したり，ディスプレイが放つ電磁波から画面を再現するなどの技術があります。

● DNSキャッシュポイズニング

重要

DNSのキャッシュサーバに誤った名前解決情報を記憶させることで，利用者を不正なサーバへ誘導する手口です。DNSは問合せをトランザクションIDとポート番号で管理しているので，ここを偽装すれば正規のサーバの返答に先立って偽情報を混入できます。対策として，トランザクションIDやポート番号をランダムに割り振ります。

スクリプト攻撃

● クロスサイトスクリプティング（XSS）

重要

HTMLに悪意のあるスクリプトを埋め込む，スクリプト攻撃の一種です。一般的なスクリプト攻撃は，信頼できるサイトのスクリプトのみ実行するなどの手段で対策しますが，クロスサイトスクリプティングでは，信頼できるサイトと悪意のあるサイトを連携（クロス）させることで，攻撃を行います。

5ステップで覚える！

クロスサイトスクリプティングが完成される順番

①悪意のあるスクリプトを埋め込んだホームページを用意する（「掲示板に悪意のあるスクリプトを書き込む」など）

②ユーザは偶然や誘導により，そのホームページを見てしまう

③ユーザが信頼していて，スクリプト実行の脆弱性があるサイトに要求が転送される

④信頼している（が脆弱性のある）サイトは，悪意のあるスクリプトを埋め込んだHTMLをユーザに送信する

⑤ユーザは信頼しているサイトから送られてきた，悪意のあるスクリプトを実行してしまう

合格のツボ

クロスサイトスクリプティングのポイント

- 脆弱性のないサイトであれば，悪意のあるスクリプトが転送されても問題ない
- サーバ側の対策は脆弱性をなくすこと，HTML生成時に有害データを検査すること
- クライアント側の対策は，ブラウザでスクリプトを実行できないようにすること

● クロスサイトリクエストフォージェリ（CSRF）

クロスサイトリクエストフォージェリ（CSRF）は，**ログイン状態**を乗っ取る攻撃手法です。例えば，標的のパソコンがある掲示板へのログイン状態にある場合，攻撃者は標的を経由することで掲示板に書き込みを行うことができます。

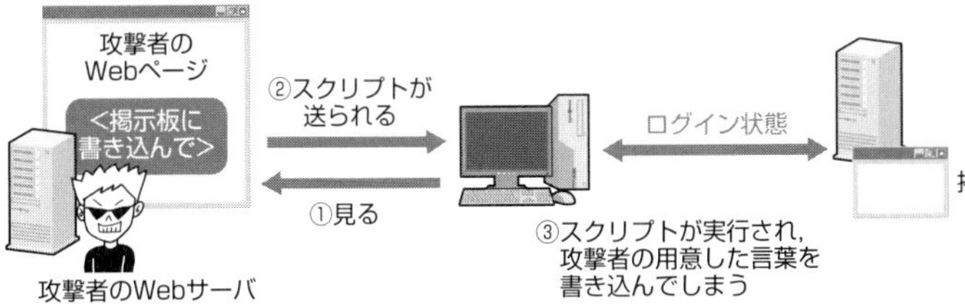

3ステップで覚える！

CSRFの攻撃手順

① 利用者のマシンが掲示板へのログイン状態にある
② 攻撃者の不正スクリプト込みWebページを利用者が見る
③ 不正スクリプトが利用者のログイン権限で掲示板に書き込まれる

掲示板に書き込みされるだけ？

例として掲示板をあげましたが，ログイン状態を悪用されるので，オンラインショッピングで任意の買い物をされるなどの被害もあり得ます。

合格のツボ

CSRFへの対策

- ログインのしっぱなしは避ける
- WAFの導入
- スクリプトをすべて無効にする（副作用に注意）

● SQLインジェクション

重要

SQL文に不正な命令を挿入して，情報の不正入手などを行う行為です。用意されたSQL文の一部に利用者が入力した引数を挿入する際に，不正な文字列が混入します。

コツ

これを防ぐには，データベースの**プレースホルダ**（**バインド機構**）を使います。プレースホルダでは，用意されたSQL文の構文解析を先に済ませておくので，仮にフォームから不正な文字列を入力されても，SQL文の構造が変わって不正な命令になることはありません。

3ステップで覚える！

SQLインジェクションが完成される順番

① SQL文は先にサーバ側に用意されている
② 利用者はWebのフォームからパラメータを入力，SQL文が完成する
③ このとき，パラメータに不正文字列などがあると，SQL文が不正な命令となる

合格のツボ

SQLインジェクションでは
- 対策として，プレースホルダ（バインド機構）を使う
- エラーメッセージは最低限に（攻撃者に情報を与える）
- データベースの権限管理は，最小権限の原則で

プレースホルダは，データの検査と不正文字の排除（サニタイジング）とは違うんでしょうか？

データの検査と不正文字の排除も有効ですが，検査の網の目を逃れる可能性は否定できません。
プレースホルダは先に構文自体を確定させてしまうので，攻撃者が狙う構文の変化が起こりません。そのため確実に防ぐことができるのです。

こんな問題が出る！

クロスサイトスクリプティングの手口はどれか。

ア　Webアプリケーションに用意された入力フィールドに，悪意のあるJavaScriptコードを含んだデータを入力する。
イ　インターネットなどのネットワークを通じてサーバに不正にアクセスしたり，データの改ざん・破壊を行ったりする。
ウ　大量のデータをWebアプリケーションに送ることによって，用意されたバッファ領域をあふれさせる。
エ　パス名を推定することによって，本来は認証された後にしかアクセスが許可されていないページに直接ジャンプする。

解説　選択肢アが，「クロスサイトスクリプティングが完成される順番」の①，「悪意のあるスクリプトを埋め込んだホームページを用意する」になっています。テキストではホームページ，掲示板などの例が挙げられることが多いですが，これをWebアプリケーションと読み替えても対応できるようにしておきたいです。

解答：ア

DoS攻撃

重要

　DoS攻撃は，**サービス停止攻撃**と訳します。正規のサービス要求（ホームページの閲覧など）を過大に繰り返すことで，サーバを機能不全に陥れます。対策は難しく，例えば新商品の発売によりホームページの閲覧が爆発的に増えたことと，DoS攻撃を切り分けるのは困難です。
　具体的には，サービスの窓口に大量に要求を送りつけて窓口を飽和させれば何でもいいわけです。**～Flood攻撃**という呼び方がされます。

▼たくさんある～Flood攻撃

DoS攻撃の種類	攻撃内容
TCP SYN Flood	TCPのSYN要求を大量に行う。攻撃者はACKを返さないので，標的サーバはいつまでもポートやメモリなどの資源を使ってACKを待ち続けることになる
Connection Flood	大量のコネクションを確立して，標的サーバの資源を飽和させる。コネクションが成立するので，攻撃しているノードのIPアドレスが分かってしまう。踏み台などで使われる
UDP Flood	UDPポートにパケットを送り続けることでサービスを飽和させる
Ping Flood （ICMP Flood）	大量のpingを送りつける。pingで送信するパケットのサイズを変更するなどの手口も併用される。pingに応答しないよう設定を行う対策がある

合格のツボ

DoS攻撃への対処
- ポートを閉じると，サービスも止まるのがやっかい
- IDS/IPSを導入する
- 一定時間経過したら，ポートやメモリを解放する
- 攻撃者のIPアドレスが特定できる場合，通信を拒否する

その他の攻撃方法

● スパムメール

　不特定多数のユーザに電子メールを送る行為です。経路上のメールサーバに過大な負荷を与えたり，メールの送信にボットなどが使われる

ことがあります。マルウェアの温床になることもあります。

● 標的型攻撃

重要

特定の人や組織を狙う攻撃の総称です。マルウェアなどは不特定多数にばらまかれるのが一般的でしたが，標的型攻撃ではソーシャルエンジニアリングなどを駆使して，事前に情報を集めて攻撃対象を狙います。

スパムメールにマルウェアを添付しても開かれないかもしれませんが，事前入手した攻撃対象企業の正規フォーマットのファイルであれば開いてしまう可能性が高くなります。攻撃の成功率を上げるための手段です。

● ソーシャルエンジニアリング

情報技術によらない方法，人間の盲点や善意につけこんで，必要な情報を入手したり，他人を思い通りに動かしたりする行為の総称です。振り込め詐欺などがそうです。本試験で出題されるのは，次の3つです。

ショルダーハッキング	利用者が暗証番号などを入力している様子を肩口からのぞき込んで，情報を窃取する方法。発展例として（ショルダーハッキングの域を超えるが），サーモセンサーでキーボードやタッチパネルの残熱を読み取り，タイプした文字列を推測する方法などがある。
スキャベンジング	ゴミ箱をあさること。捨てるものの扱いはぞんざいになるもの。無造作に捨てられた情報（シュレッダが甘かった紙書類や，破壊せずに捨てた記録メディア）を入手してつなぎあわせ，本来の形に復元する試みをスキャベンジングという。
会話	業務担当者同士の会話は，重要情報が盛り込まれている。公共の場所での打合せなどは極力行わず，やむを得ない場合も周囲の環境や会話の内容に注意を払う。

合格のツボ

- **クリアデスク（机の上をきれいにすること）は，単に美化活動ではない。のぞき見防止の意味も！**
- **メールは外部との接点。常に攻撃に晒される。マルウェアの添付にも，標的型攻撃の呼び水にも使われる**
- **社長が緊急だ！と電話してきても，パスワードは教えない**

セキュリティ

16 攻撃への対応

出題ナビ

常時接続環境では常に不正アクセスなどのリスクが存在しているため，攻撃者の攻撃を素早く検出する技術が出題されます。不正アクセス対策のIDS/IPS，マルウェア対策のセキュリティ対策ソフトについて，「どういうときに機能し，どういうときに機能しないのか」を中心に覚えます。

IDS/IPS

IDSは単純なパケットフィルタリングなどでは検出が困難な攻撃（例えばDoS）に対処するシステムです。DoSなどの攻撃パターンを，**シグネチャ**と呼ばれるデータベースに持っていて，パターンに合致すると管理者に警告をします。警告するだけでなく，ネットワーク遮断などの対処行動までとるものは**IPS**といいます。

設置する場所と，攻撃の見つけ方で種類分けをします。

▼設置する場所による違い

- **ホスト型IDS（HIDS）**
  →ホストにインストールして，そのホスト自身を監視する
- **ネットワーク型IDS（NIDS）**
  →ネットワーク上に設置して，ネットワーク全体を監視する

▼攻撃の見つけ方による違い

- **Misuse検知法**
  - シグネチャと通信のパターンを比較して，攻撃を見つける
  - 比較的簡単に導入できるが，新種の攻撃パターンに対応できない
- **Anomaly検知法**
  - システムの正常な状態と比較して，攻撃を見つける
  - 導入がめんどう

● フォールスポジティブとフォールスネガティブ

重要

正常な通信とDoS攻撃のような通信の区分けは難しく，どうしても誤検出が紛れ込みます。正常なアクセスを不正アクセスと検出することを**フォールスポジティブ**，不正アクセスを正常なアクセスと検出することを**フォールスネガティブ**といいます。

IDSやIPSの他に，**ハニーポット**（一種のトラップ）を設置することもあります。攻撃者が好みそうなサーバや通信機器を設置して攻撃させ，ログを取得することで，攻撃者を特定したり，攻撃手法を分析することができます。

こんな問題が出る！

NIDS（ネットワーク型IDS）を導入する目的はどれか。

ア　管理下のネットワーク内への不正侵入の試みを検知し，管理者に通知する。
イ　サーバ上のファイルが改ざんされたかどうかを判定する。
ウ　実際にネットワークを介してサイトを攻撃し，不正に侵入できるかどうかを検査する。
エ　ネットワークからの攻撃が防御できないときの損害の大きさを判定する。

解答：ア

合格のツボ

IDSとIPS
- DとPではPの方がアルファベット順が進んでいるので，
- IDS（検出だけ）よりIPS（検出と防御）の方が進んでいる，と覚える
- NIDSはパケットを取得しないと機能しない。どこに設置するかは熟慮を

覚えにくいを覚えやすく

フォールスポジティブとフォールスネガティブ

・**フォールスポジティブ**……正常アクセスを，不正アクセスと誤判定する

→ **ポジティブ（正常）**を不正と**誤判断（フォールス）**

→ セキュリティ水準は**下がらない**ので，**迷惑がかからない，ポジティブな間違い方**

・**フォールスネガティブ**……不正アクセスを，正常アクセスと誤判定する

→ **ネガティブ（不正）**を正常と**誤判断（フォールス）**

→ セキュリティ水準が**下がってしまう**ので，**迷惑がかかる，ネガティブな間違い方**

どちらもない方がよく，本試験でも誤判定が起こらない状態を目指して解答を作りますが，どちらかが必ず残ってしまう場合は，フォールスポジティブにします。業務効率が落ちてこれはこれで迷惑なのですが，不正アクセスを許すよりマシです。

マルウェアへの対策

利用者を教育して，出所不明のファイルを開くなどのリスクのある行為をやめさせるのは，とても効果が高い対策です。それに加えて，システム側の対策として使われるのが**セキュリティ対策ソフトウェア**です。

対策ソフトがあるなら，セキュリティ教育とか要らないでしょう？

いえ，車の両輪のように，人間側の対策→教育，システム側の対策→対策ソフトが必要です。

本試験では，セキュリティ対策ソフトがマルウェアを発見する方法が，出題されます。最も基本的なのは**パターンマッチング**で，既知のマルウェアの特徴を記した**パターンファイル（シグネチャ）**と呼ばれるデータベースと，ファイルやメール，ホームページなどのデータを比較して，一致するか検査する方法です。

合格のツボ

- パターンマッチングはパターンファイルに登録のないマルウェアは発見できない
- パターンファイルを更新し続ける必要がある
  →本試験では自動化を推奨
- 亜種，圧縮，暗号化によりデータが変更されていると，マルウェアを見つけられないことがある

マルウェアに感染した場合の対応方法

どんな対策にも完全はありえません。マルウェアの場合であれば，感染したときの対応方法も考えておく必要があり，主要な出題対象です。

● 感染後，７つの対応

初動対応	① 感染したシステムの利用停止
	② ネットワークからの切断
	③ 利用者へのアナウンス
復旧	④ マルウェアと影響範囲の特定
	⑤ 復旧手順の確立と復旧作業
事後処理	⑥ 原因の特定と対応策の策定
	⑦ 関係機関への届け出

● 初動対応

重要

マルウェアに感染した場合は，とにかく二次感染を拡大しないことが重要です。そのために必要なのは，感染パソコンのネットワークからの切断と各利用者への通知です。

合格のツボ

- 感染パソコンのネットワークからの切り離しは確実に行う
- 「シャットダウン」と書くのは，問題文をよく読んでから。マルウェアの行動を後から調査するための各種情報が消えてしまうことがある。スナップショットを取るのが基本

● 復旧

二次感染の拡大防止に目処がついたら，業務復旧の手順を考えます。このとき，同じマルウェアに感染しないようにセキュリティパッチをあてたり，パターンファイルの更新を行うなど暫定的な対応を施します。**根本的な対応策（パターンファイル更新の自動化など）は後回し**です。

注意

さっきのスナップショットを使って，マルウェアの分析を始めるんですね。

何度も言いますが，まず行わなければならないのは，二次感染の防止です。その次に暫定的な業務復旧をします。原因の究明や根治策の策定は，後日です。

セキュリティ対策ソフトやワクチンソフトでマルウェアの駆除を行いますが，不可能な場合はOSの再インストールから作業することがあります。アプリケーションソフトの再インストール，バックアップからのデータのリストアなども含めると長い時間がかかるため，イメージファイルを用意したり，その際の手順をマニュアル化しておく等の対策が正答になることもあります。

● 事後処理

業務を復旧することができたら，マルウェアに感染してしまった根本的な原因の究明，再発防止策の策定，関係機関への届出などに着手します。

合格のツボ

- 「暫定的な対策（パッチの手動適用など）を施して早期復旧させる」が，
- 「恒久的な対策（パッチの自動適用など）」を怠ると，同じ事故が起こる

セキュリティ

17 情報セキュリティマネジメントシステム（ISMS）

出題ナビ

情報処理安全確保支援士試験ではないので，真っ向から問われることはありません。しかし，ISMSは午前問題では規格名が問われ，午後問題ではISMSをベースにしたセキュリティポリシの出題などがあります。導入の目的や流れなどを，ざっくり理解しておいてください。

ISO/IEC 27000シリーズ

ISO/IEC 27000は，情報セキュリティマネジメントシステム構築のための国際規約です。**情報セキュリティポリシ**を確立し，それに従って**情報セキュリティマネジメントシステム**を運用していきます。

▼情報セキュリティマネジメントシステムの構築に使われる主要規格

重要

ISO 27001	認証基準
ISO 27002	ベストプラクティス
ISO 27014	情報セキュリティガバナンス

ベストプラクティスとは，優れた事例をまとめたものです。これをもとに組織や情報セキュリティポリシを作っていきます。そして，そのポリシを公平な目で調べて，お墨付きを与える制度が各国にあり，日本では**JIPDEC**が情報セキュリティマネジメントシステム適合性評価制度（**ISMS適合性評価制度**）を運用しています。審査の合否を決める基準として使われるのが，ISO 27001です。

ISO 27014は**情報セキュリティガバナンス**について定めています。企業経営が適切に行われているか，ステークホルダに説明責任をはたすためのものです。

情報セキュリティポリシは，次の3つの文書から構成されます。

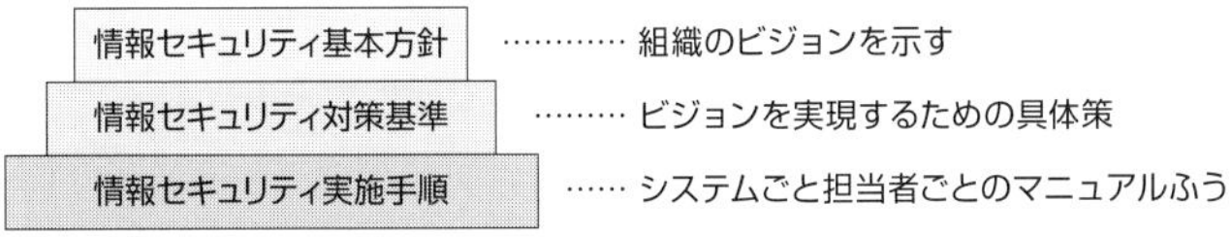

憲法と法律，条例のような関係になっており，上に行くほど抽象的で文章量が少なく有効期間は長くなります。反対に下に行くほど具体的で文章量が多く有効期間は短いです。

注意

ポリシを作っただけで終わる**死文化**を避けるために，定期的にセキュリティ監査を受け，ポリシを更新する作業が必要です。

ISO 27000シリーズってどんなことが書いてあるんですか？

本試験でも出題されるCIAのことなどが書いてありますよ。ポイントを整理してみましょう。

● CIAとは

C（Confidentiality：機密性）	許可された正当な利用者だけが情報にアクセスできる
I（Integrity：完全性）	情報は完全で正確である
A（Availability：可用性）	必要な時に必要な情報がいつでも利用可能である

・CIAを達成するのが，情報セキュリティ

・情報セキュリティマネジメントシステムには経営層の参画が必須。経営戦略との整合，全社体制での運用のため

こんな問題が出る！

ISMSにおいて定義することが求められている情報セキュリティ基本方針に関する記述のうち，適切なものはどれか。

ア　重要な基本方針を定めた機密文書であり，社内の関係者以外の目に触れないようにする。

イ　情報セキュリティの基本方針を述べたものであり，ビジネス環境や技術が変化しても変更してはならない。

ウ　情報セキュリティのための経営陣の方向性及び支持を規定する。

エ　特定のシステムについてリスク分析を行い，そのセキュリティ対策とシステム運用の詳細を記述する。

解説

ア　会社としてのビジョンを示すものですから広く公開します。

イ　基本の方針なので，頻繁に変更するものではありません。しかし，環境の変化に応じて柔軟に変更するのは重要です。

ウ　正答です。

エ　下位の文書で定めます。基本方針はビジョンを示すのが役割で，システムの詳細を記すものではありません。

解答：ウ

合格のツボ

- 2本の柱は情報セキュリティマネジメントシステムと情報セキュリティポリシ
- 情報セキュリティポリシによって情報マネジメントシステムを動かし，マネジメントシステムによってポリシを見直す
- 情報セキュリティマネジメントシステムには，必ず経営層を参加させる
- 一番抽象的な文書は，情報セキュリティ基本方針
- 経営方針に整合していることが大事

INDEX

た行

な行

は行

■著者略歴

●岡嶋裕史（おかじま ゆうし）

中央大学大学院総合政策研究科博士後期課程修了。博士（総合政策）。富士総合研究所，関東学院大学准教授，同大学情報科学センター所長，中央大学総合政策学部准教授を経て，中央大学国際情報学部教授／学部長補佐。ネットワークスペシャリスト，情報処理安全確保支援士試験免除制度 学科等責任者，その他。

【著書】

『情報処理安全確保支援士合格教本』『ネットワークスペシャリスト合格教本』『情報セキュリティマネジメント合格教本』『IT パスポート合格教本』（技術評論社），『ブロックチェーン』『5G』（講談社），『ビッグデータの罠』（新潮社）ほか多数。

●カバーデザイン　小島トシノブ（NONdesign）
●カバーイラスト　城谷俊也
●本文デザイン・レイアウト　SeaGrape
●本文イラスト　かたおかともこ

【改訂新版《かいていしんぱん》】要点早《ようてんはや》わかり
ネットワークスペシャリスト
ポケット攻略本《こうりゃくぼん》

2015年4月　5日　初　版　第１刷発行
2021年4月　6日　第２版　第１刷発行

著　者　岡嶋《おかじま》 裕史《ゆうし》
発行者　片岡 巌
発行所　株式会社技術評論社
東京都新宿区市谷左内町21-13
電話　03-3513-6150　販売促進部
03-3513-6166　書籍編集部
印刷／製本　昭和情報プロセス株式会社

定価はカバーに表示してあります。

ISBN978-4-297-12007-8　C3055
Printed in Japan

■お問い合わせについて

本書に関するご質問は，弊社 Web サイトからお送りいただくか，FAX または書面でお願いいたします。電話による直接のお問い合わせにはお答えしかねますので，あらかじめご了承ください。また，できる限り迅速に対応させていただくよう努力しておりますが，場合によってはお時間をいただくこともございます。

ご質問の際には，書籍名と該当ページ，メールアドレスや FAX 番号などの返信先を明記してください。ご質問の際に記載いただいたお客様の個人情報は，質問の返答以外の目的には使用いたしません。

◆お問い合わせ先
〒162-0846
東京都新宿区市谷左内町 21-13
株式会社技術評論社 書籍編集部
『【改訂新版】要点早わかり ネットワークスペシャリスト ポケット攻略本』係
Web：https://gihyo.jp/book/
FAX：03-3513-6183